1+X职业技能等级证书配套教材
1+X职业技能等级证书——传感网应用开发

传感网应用开发（初级）

组　编　北京新大陆时代教育科技有限公司
主　编　陈继欣　邓　立
副主编　顾晓燕　蔡建军　胡国胜　史宝会
贺晓辉　顾振飞
参　编　季云峰　苏李果　黄　越　董昌春
伍小兵　昌厚峰　薛文龙　李正吉
高卫勇　杨　瑞　李光荣　陈永庆
王　华　徐加波

机械工业出版社

本书参照“1+X”《传感网应用开发职业技能等级标准》初级部分，根据物联网相关科研机构及企事业单位中辅助研发、部品验正、品质检验、产品测试、技术服务等岗位涉及的工作领域和工作任务所需的职业技能要求，通过5个学习单元介绍了传感网应用开发中数据采集、RS-485总线技术基础、CAN总线技术基础、ZigBee基础开发、NB-IoT数据传输等内容。

本书是“1+X”职业技能等级证书——传感网应用开发（初级）的培训认证配套用书。

本书配有电子课件、微课视频（可扫描书中二维码观看），读者也可到机械工业出版社教育服务网（www.cmpedu.com）免费注册并下载，或联系编辑（010-88379194）咨询。

图书在版编目（CIP）数据

传感网应用开发：初级 / 陈继欣，邓立主编.
—北京：机械工业出版社，2019.10（2025.1重印）
1+X职业技能等级证书配套教材 1+X职业技能等级证书
ISBN 978-7-111-63986-2

Ⅰ. ①传… Ⅱ. ①陈… ②邓… Ⅲ. ①无线电通信—传感器—职业技能—鉴定—教材 Ⅳ. ①TP212

中国版本图书馆CIP数据核字（2019）第218819号

机械工业出版社（北京市百万庄大街22号 邮政编码100037）
策划编辑：梁 伟　　责任编辑：梁 伟
责任校对：马立婷　　封面设计：鞠 杨
责任印制：常天培
北京铭成印刷有限公司印刷
2025年1月第1版第15次印刷
184mm×260mm · 11.5印张 · 252千字
标准书号：ISBN 978-7-111-63986-2
定价：38.00元

电话服务　　网络服务
客服电话：010-88361066　　机 工 官 网：www.cmpbook.com
010-88379833　　机 工 官 博：weibo.com/cmp1952
010-68326294　　金 书 网：www.golden-book.com
封底无防伪标均为盗版　　机工教育服务网：www.cmpedu.com

前言

近年来，在供给侧和需求侧的双重推动下，物联网技术进入以基础性行业和规模消费为代表的第三次发展浪潮。随着互联网企业、传统行业企业、设备商、电信运营商全面布局物联网，产业生态初具雏形；连接技术不断突破，NB-IoT、LoRa等低功耗广域网全球商用化进程不断加速，数以万亿计的新设备将接入网络并产生海量数据；物联网平台迅速增长，服务支撑能力迅速提升；区块链、边缘计算、人工智能等新技术题材不断注入物联网，为物联网带来新的创新活力。受技术和产业成熟度的综合驱动，物联网呈现“边缘的智能化、连接的泛在化、服务的平台化、数据的延伸化”新特征，物联网迎来跨界融合、集成创新和规模化发展的新阶段。

2019年初，在国务院《关于印发国家职业教育改革实施方案的通知》（国发〔2019〕4号）中，提出了“从2019年开始，在职业院校、应用型本科高校启动‘学历证书+若干职业技能等级证书’制度试点（以下称‘1+X’证书制度试点）工作”的要求。为落实“1+X”证书制度，北京新大陆时代教育科技有限公司作为“1+X”证书制度试点第二批职业教育培训评价组织，结合物联网发展的新特征，从用人单位物联网岗位的要求出发，制定了《传感网应用开发职业技能等级标准》（下面简称《标准》）。《标准》规定了传感网应用开发职业技能的等级、工作领域、工作任务及职业技能要求，分为初级、中级、高级三部分。

《标准》初级部分主要针对物联网相关科研机构及企事业单位，面向辅助研发、部品验证、品质检验、产品测试、技术服务等岗位，从事检验检测、安装调试、样机测试等基础技术工作，从数据采集、有线组网通信、短距离无线组网通信、低功耗窄带组网通信四个工作领域规定了相应的职业技能要求。

本书是“1+X”职业技能等级证书——传感网应用开发（初级）的培训认证配套用书。内容包含数据采集、RS485总线技术基础、CAN总线技术基础、ZigBee基础开发、NB-IoT数据传输5个学习单元，并配有微课视频和教学资源（扫描书中二维码观看）。本书覆盖了标准中四个工作领域的知识点和技能点，充分体现了传感网应用开发相关人员在职业活动中所需要的综合能力。

本书由北京新大陆时代教育科技有限公司负责编写，由于编者水平有限，书中仍难免有不妥和错误之处，恳请读者批评指正。

编　者

二维码清单

名　　称	图　　形	名　　称	图　　形
CAN 总线技术基础		NB-IoT 数据传输	
RS-485 总线技术基础		传感网应用开发（初级）_ 综合 _ 笔试	
传感网应用开发（初级）操作试卷		初级习题	
学习单元 2　2.6 应用案例：智能安防系统构架		学习单元 4　4.2 IAR 安装	
学习单元 4　4.2 smartRF 安装		学习单元 4　4.2 配置工程	
学习单元 4　4.3 LED 闪烁代码编写		学习单元 4　4.3 新建 IAR 工程	
学习单元 4　4.3 程序编写		学习单元 5　5.3 NB-IoT	

目录

CONTENTS

CONTENTS

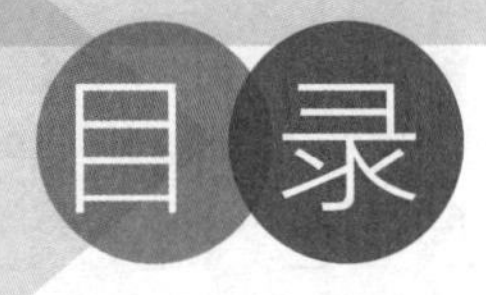

UNIT 1

数据采集

单元概述

本单元主要面向的工作领域是传感网应用开发中的数据采集，介绍了在完成模拟量、数字量和开关量传感数据采集工作案例时所需要的核心职业技能。首先，依据不同工作案例的特点选取了多种典型工作案例，讲解了与典型工作案例相关的常用传感器、传感器基本工作原理和基本参数、传感器选用方法。然后，以典型器件为例，介绍了传感器电路原理图、传感器技术手册以及相关电路基础知识。最后，简单介绍了传感数据采集所需的信号处理知识和方法。

知识目标

- 掌握模拟量、数字量和开关量传感数据的基本概念；
- 理解常用传感器的基本工作原理和基本参数；
- 了解传感数据采集所需的信号处理知识。

技能目标

- 能够依据不同工作任务的特点选取常用传感器；
- 能够识读传感器电路原理图和技术手册；
- 能够根据需求检测并处理信号；
- 能够将采样获得的数据换算成带单位的物理量。

1.1 模拟量传感数据采集

模拟量是指在时间和数值上都是连续的物理量。在利用相应传感器对光照度和气体浓度进行数据采集时，所输出的信号就是典型的模拟量。在本单元中，选取光照度采集和气体浓度采集这两个典型的模拟量传感数据采集工作案例，讲解工作过程中所需使用的常用传感器、传感器基本工作原理和基本参数、传感器选用方法；然后，以典型器件为例，介绍光照度和气体浓度传感器的核心电路原理图和技术手册中的基本内容；最后，简单介绍将所采集的模拟量传感数据转换成数字量传感数据的基本方法。

1.1.1 光照度数据采集

在采集光照度传感数据时，通常使用光敏传感器，而光敏传感器的理论基础是光电效应。光可以认为是由具有一定能量的粒子（称为光子）所组成的，光照射在物体表面上就可看成是物体受到一连串的光子轰击。光电效应就是由于该物体吸收到光子能量后产生的电效应，称为光电效应。光电效应通常可以分为外光电效应、内光电效应和光生伏特效应。在光线的作用下，物体内的电子逸出物体表面向外发射的现象。基于外光电效应的光电器件有光电管、光电倍增管等。在光线的作用下，电子吸收光子能量从键合状态过渡到自由状态，而引起材料电导率的变化，这种现象称为内光电效应，又称光电导效应。基于这种效应的光电器件有光敏电阻等。在光线的作用下，能够产生一定方向的电动势的现象叫作光生伏特效应。光敏传感器广泛用于导弹制导、天文探测、光电自动控制系统、极薄零件的厚度检测器、光照量测量设备、光电计数器及光电跟踪系统等方面。

1．常用传感器

传感器是一种检测装置，能感受到被测量的信息，并能将感受到的信息按一定规律变换成为电信号或其他所需形式的信息输出，以满足信息的传输、处理、存储、显示、记录和控制等要求。

在本单元中，以光敏二极管型器件、光敏晶体管型器件和光敏电阻型器件为例介绍光敏传感器的基本参数和特性。

（1）光敏二极管型器件

光敏二极管所利用的是光生伏特效应。按材料分，光敏二极管有硅、砷化镓、锑化铟光敏二极管等许多种。按结构分，有同质结与异质结之分。其中最典型的是同质结硅光敏二极管。光敏二极管的结构与普通二极管相似，是一种利用PN结单向导电性的结型光敏器件。光敏二极管的PN结装在管的顶部，可以直接受到光照射，在电路中一般处于反向工作状态。在不接受光照射时，光敏二极管处于截止状态；在接受光照射时，光敏二极管处于导通状态。具体而言，光敏二极管在没有光照射时，只有少数载流子在反向偏压的作用下，渡越阻挡层形成微小的反向电流（也称暗电流），因此反向电阻很大而反向电流很小，光敏二极管处于截止状态；光敏二极管在接受光照射时，PN结附近受光子轰击，吸收其能量而产生电子–空穴对，从而使P区和N区的少数载流子浓度大大增加，因此在外加反向偏压和内电场的作用下，P区的少数载流子渡越阻挡层进入N区，N区的少数载流子渡越阻挡层进入P区，从而使通过PN结的反向电流大为增加，这就形成了光电流，且光电流与光照度之间能够基本呈现线性关系。

（2）光敏晶体管型器件

光敏晶体管多指光敏三极管，它与普通晶体三极管相似，具有电流放大的作用，不同的是它的本体上有一个光窗，集电结处集电极电流不只受基极电路控制，同时也受到光辐射的控制。光敏晶体管的引脚有三根引线的，也有两根引线的，通常两根引线的是基极不引出。光敏三极管也分NPN和PNP两种管型，以NPN型为例，光敏晶体管工作时，集电结反向偏置，发射结正向偏置，无光照时，仅有很小的穿透电流流过，当有光照到集电结上时，在内建电场的作用下，将形成很大的集电极电流。在原理上，光敏晶体管实际上相当于一个由光电二极管与普通晶体管结合而成的组合件。相比较而言，光敏二极管的光照特性的线性较好，而光敏晶体管在照度小时光电流随照度的增加较小，且在强光照时又趋于饱和，所以只有在某一段光照范围内线性较好。

（3）光敏电阻型器件

光敏电阻所利用的是内光电效应，即在光线作用下，电子吸收光子能量从键合状态过渡到自由状态所引起的材料电导率变化，从而引起电阻器的阻值随入射光线的强弱变化而变化。在内光电效应的作用下，若光敏导体为本征半导体材料，当外部光照能量变强时，光导材料价带上的电子将激发到导带上去，从而使导带的电子和价带的空穴增加，致使光敏导体的电导率变大。因此，光敏电阻的电阻值随入射光照强度的变化而变化。通常，光敏电阻都制成薄片结构，以便吸收更多的光能。当它受到光的照射时，半导体片（光敏层）内就激发出电子–空穴对，参与导电，使电路中的电流增强。为了获得高的灵敏度，光敏电阻的电极常采用梳状结构。常用光敏电阻的结构如图1-1所示。

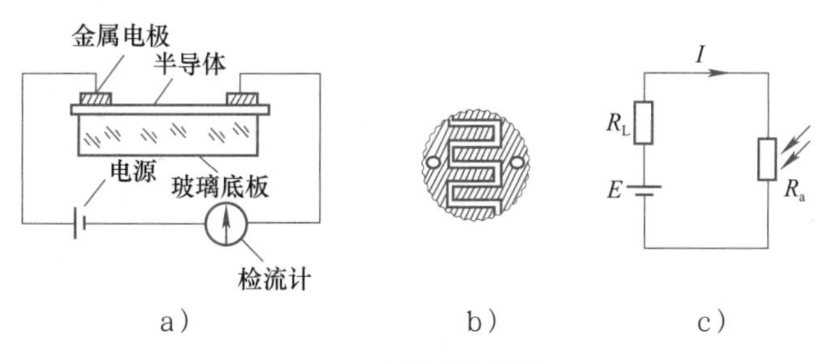

图1-1　光敏电阻结构图

a）光敏电阻结构　b）光敏电阻电极　c）光敏电阻接线图

光敏电阻通常由光敏层、玻璃基片（或树脂防潮膜）和电极等组成。光敏电阻器在电路中用字母“R”或“RS”“RC”表示。

光敏电阻的主要参数：

① 光电流、亮电阻：光敏电阻在一定的外加电压下，当有光照射时，流过的电流称为光电流，外加电压与光电流之比称为亮电阻，常用“100lx”表示。

② 暗电流、暗电阻：光敏电阻在一定的外加电压下，当没有光照射的时候，流过的电流称为暗电流。外加电压与暗电流之比称为暗电阻，常用“0lx”表示。

③ 灵敏度：灵敏度是指光敏电阻不受光照射时的电阻值（暗电阻）与受光照射时的电阻值（亮电阻）的相对变化值。

④ 光谱特性：光谱响应曲线如图1-2所示。从图中可以看出，光敏电阻对入射光的光谱具有选择作用，即光敏电阻对不同波长的入射光有不同的灵敏度。

⑤ 光照特性：硫化镉光敏电阻的光照特性曲线如图1-3所示。从图中可以看出，随着光照强度的增加，光敏电阻的阻值开始迅速下降，相应的电流会增大。若进一步增大光照强度，则电阻值变化减小，然后逐渐趋向平缓。在大多数情况下，该特性是非线性的。

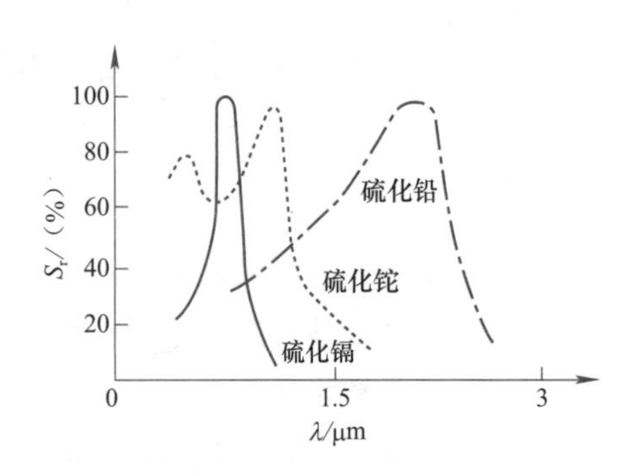

图1-2　不同材料光敏电阻的光谱响应曲线

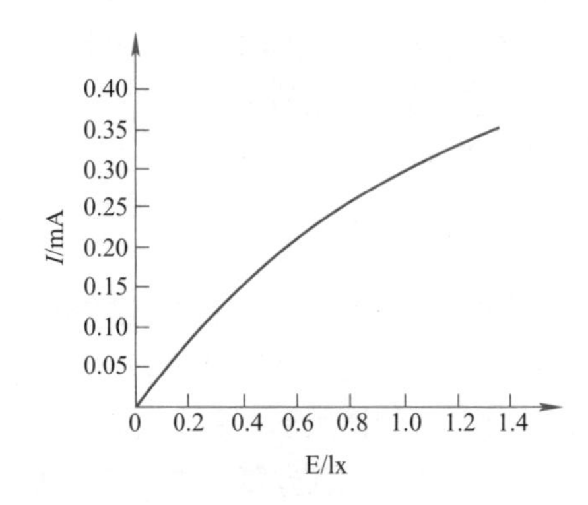

图1-3　硫化镉光敏电阻的光照特性曲线

2．典型器件举例

本单元以GB5-A1E光敏传感器为例（见图1-4），介绍其具体特性。

图1-4　GB5-A1E光敏传感器

（1）基本特性

- 环境光照强度变化与输出的电流成正比；
- 稳定性好，一致性强，实用性高；
- 对可见光的反应近似于人眼；
- 工作温度范围广。

（2）典型应用

- 背光调节：电视机、计算机显示器、手机、数码相机、MP4、PDA、车载导航；
- 节能控制：红外摄像机、室内广告机、感应照明器具、玩具；
- 仪表、仪器：测量光照度仪器以及工业控制。

（3）额定参数

额定参数（T_a=25℃），见表1-1。

表1-1　GB5-A1E光敏传感器额定参数（Ta=25℃）

参数名称	符号	额定值	单位
反击穿电压	$V_{(BR)CEO}$	30	V
正向电流	I_{CM}	30	μA
最大功耗	P_{CM}	50	mW
工作温度范围	$T_{opr.}$	−40～85	℃
储存温度	$T_{stg.}$	−40～100	℃
工作温度	T_{amb}	−25～70	℃
焊接温度（5s）	T_{sol}	260	℃

（4）光电参数

光电参数（T_a=25℃），见表1-2。

表1-2　GB5-A1E光敏传感器光电参数（Ta=25℃）

<table>
<tr><th colspan="2">参数名称</th><th>符号</th><th>测试条件</th><th>最小值</th><th>典型值</th><th>最大值</th><th>单位</th></tr>
<tr><td colspan="2">暗电流</td><td>I_{drk}</td><td>0lx，V_{dd}=10V</td><td>–</td><td>–</td><td>0.2</td><td>mA</td></tr>
<tr><td colspan="2" rowspan="2">亮电流</td><td rowspan="2">I_{ss}</td><td>V_{dd}=5V，10lx，R_{ss}=1kΩ</td><td>2</td><td>4</td><td>8</td><td rowspan="2">μA</td></tr>
<tr><td>V_{dd}=5V，100lx，R_{ss}=1kΩ</td><td>20</td><td>40</td><td>80</td></tr>
<tr><td colspan="2">感光光谱</td><td>λ</td><td>–</td><td>–</td><td>880</td><td>1050</td><td>nm</td></tr>
<tr><td rowspan="2">响应速度</td><td>上升</td><td>t_r</td><td rowspan="2">V_{dd}=10V，I_{ss}=5mA，R_L=100Ω</td><td>–</td><td>4</td><td>–</td><td>μs</td></tr>
<tr><td>下降</td><td>t_f</td><td>–</td><td>4</td><td>–</td><td>μs</td></tr>
</table>

（5）光电流测试

光电流测试方法如图1-5所示（光电流=V_{out}/R_{ss}）。

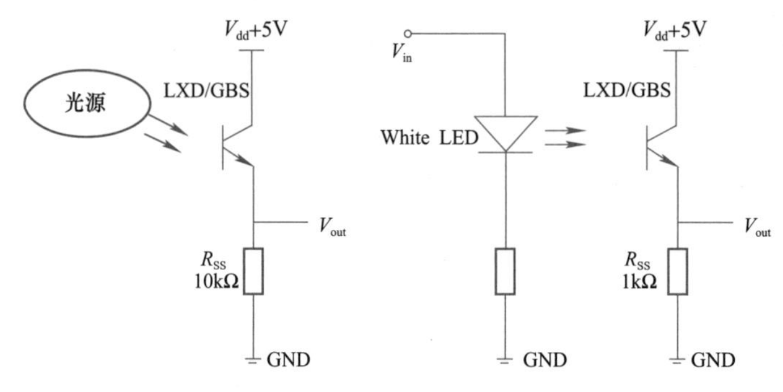

图1-5　光电流测试方法图

（6）光谱响应曲线

光谱响应曲线如图1-6所示，图中横坐标为波长（nm）。从图中可以看出，该光敏传感器对入射光的光谱具有选择作用，即该光敏传感器对不同波长的入射光有不同的灵敏度。

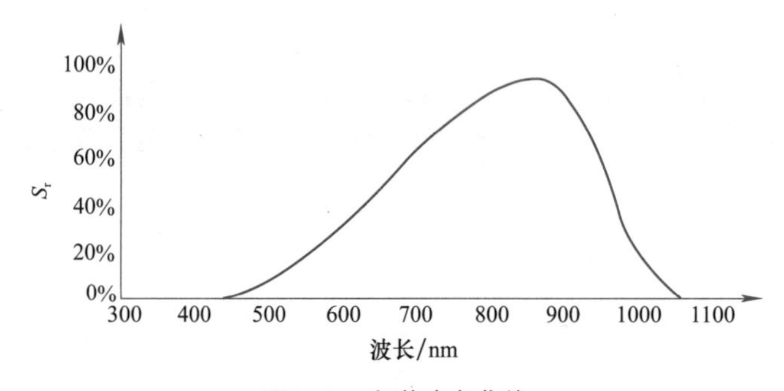

图1-6　光谱响应曲线

（7）光照特性曲线

光照特性曲线如图1-7所示。从图中可以看出，该光敏传感器输出的光电流随光照度的变化而变化，只有在有效工作区域内时，光电流才与光照强度基本呈现为线性关系。

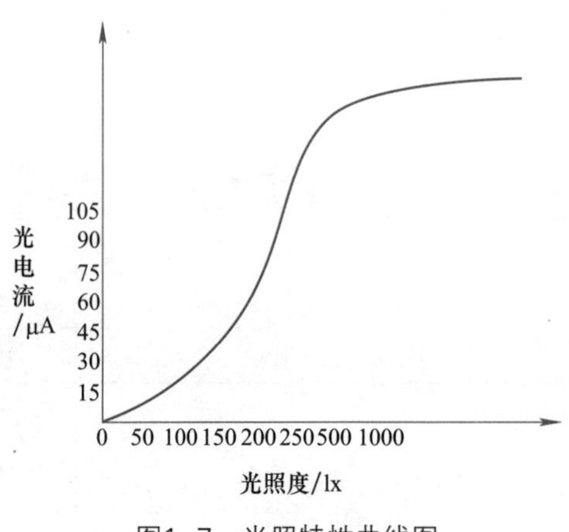

图1-7　光照特性曲线图

典型的光敏传感电路如图1-8所示。当外部光照较强时，光敏二极管（GB5-A1E）产生的光电流较大，输出电压较高；当外部光照变暗时，光敏二极管所产生的光电流变小，输出电压变小。输出电压送至相应模块的模数转换接口（J2的10号口），可以将光敏传感电路采集的模拟量信号转换为对应的数字量。

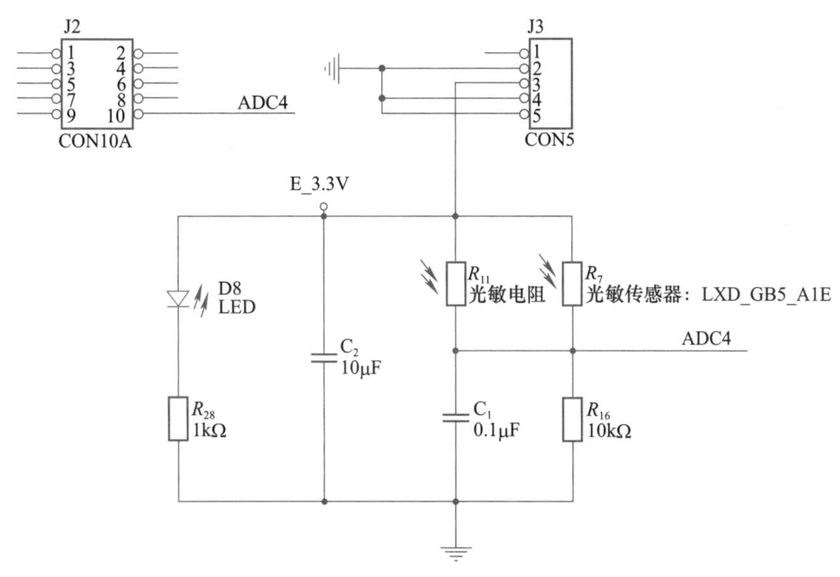

图1-8　光敏传感电路图

1.1.2　气体浓度数据采集

在采集气体浓度传感数据时，通常使用气敏传感器，而气敏传感器是一种把气体中的特定成分检测出来并转换为电信号的器件，可以提供有关待测气体的存在性及浓度信息。在选用气敏传感器时通常需要从以下维度进行考虑，被测气体的灵敏度、气体选择性、光照稳定性、响应速度。按照气体传感器的结构特性，一般可以分为半导体型气敏传感器、电化学型气敏传感器、固体电解质气敏传感器、接触燃烧式气敏传感器、光化学型气敏传感器、高分子气敏传感器、红外吸收式气敏传感器。常见气敏传感器主要检测对象及其应用场所见表1-3。

表1-3　常见气敏传感器主要检测对象及其应用场所举例

分类	检测对象气体	应用场合
易燃易爆气体	液化石油气、焦炉煤气、发生炉煤气、天然气、甲烷、氢气	家庭、煤矿、冶金、试验室
有毒气体	一氧化碳（不完全燃烧的煤气）、硫化氢、含硫的有机化合物卤素，卤化物，氨气等	煤气灶等、石油工业、制药厂、冶炼厂、化肥厂
环境气体	氧气（缺氧）、水蒸气（调节湿度，防止结露）、大气污染	地下工程、家庭、电子设备、汽车、温室、工业区
工业气体	燃烧过程气体控制、调节燃/空比、一氧化碳（防止不完全燃烧）、水蒸气（食品加工）	内燃机、锅炉、冶炼厂、电子灶
其他	烟雾、酒精	火灾预报、安全预警

1．常用传感器

当前，半导体型气敏传感器使用广泛，而半导体型气敏传感器按照半导体变化的物理特性分为电阻式和非电阻式，见表1-4。半导体型气体传感器主要是利用半导体气敏元件同气体接触所造成的半导体性质变化来检测气体的成分或浓度，其作用原理主要是半导体与气体相互作用时产生表面吸附或反应，引起以载流子运动为特征的电导率或伏安特性或表面电位变化。借此来检测特定气体的成分或者测量其浓度，并将其变换成电信号输出。

表1-4　半导体气体传感器的分类

分类	主要物理特性	传感器举例	工作温度	典型被测气体
电阻式	表面控制型	氧化银、氧化锌	室温～450℃	可燃性气体
	体控制型	氧化钛、氧化钴、氧化镁、氧化锡	700℃以上	酒精、氧气、可燃性气体
非电阻式	表面电位	氧化银	室温	硫醇
	二极管整流特性	铂/硫化镉、铂/氧化钛	室温～200℃	氢气、一氧化碳、酒精
	晶体管特性	铂栅MOS场效应晶体管	150℃	氢气、硫化氢

（1）电阻型气敏器件

电阻型气敏器件按结构可分为烧结型、薄膜型和厚膜型三种。其中，烧结型气敏器件通常使用直热式和旁热式两类工艺（见图1-9和图1-10），其常用制作工艺是将一定配比的敏感材料及掺杂剂等以水或黏合剂调和并均匀混合，然后埋入加热丝和测量电极，再用传统的制陶方法进行烧结。烧结型气敏器件结构制造工艺简单，但存在热容量小而易受环境气流的影响、测量电路和加热电路之间易相互干扰、加热丝易与材料接触不良等缺点。

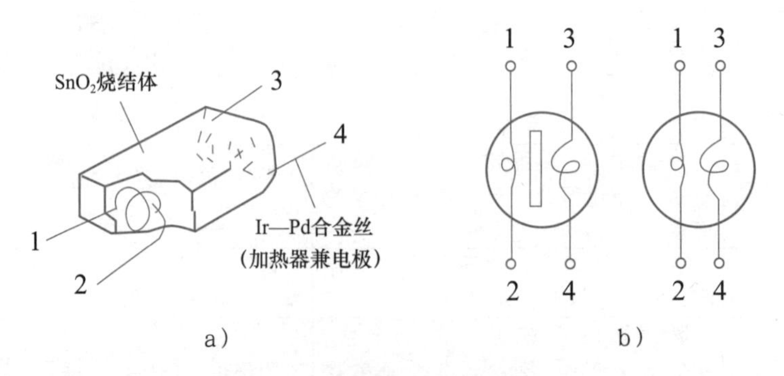

图1-9　直热式电阻型气敏器件

a）结构　b）符号

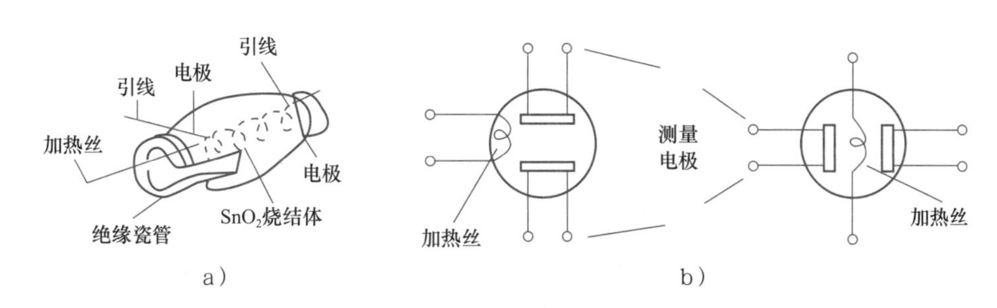

图1-10　旁热式电阻型气敏器件

a）结构　b）符号

薄膜型气敏器件（常见结构见图1-11）的制作首先须处理基片，焊接电极，再采用蒸发或溅射方法在基片上形成一薄层氧化物半导体薄膜。薄膜型气敏器件通常具有较高的机械强度，而且具有互换性好、产量高、成本低等优点。厚膜型气敏器件（常见结构见图1-12）通常一致性较好，机械强度高，适于批量生产。

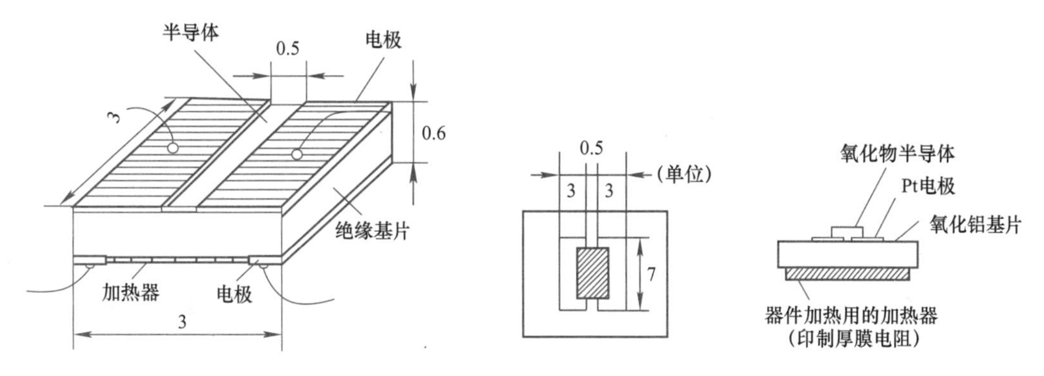

图1-11　薄膜型气敏器件结构图

图1-12　厚膜型气敏器件的结构

以上三种气敏器件都附有加热器。在实际应用时，加热器能使附着在测控部分上的油雾、尘埃等烧掉，同时加速气体的吸附，从而提高了器件的灵敏度和响应速度，一般加热到200～400℃，具体温度视所掺杂质的不同而异。

（2）非电阻型气敏器件

非电阻型气敏器件可以分为二极管气敏传感器、MOS二极管气敏器件和MOSFET气敏器件三种。其中，二极管气敏传感器是一种利用了所吸附的特定气体对半导体的禁带宽度（反映了价电子被束缚强弱程度的一个物理量，也就是产生本征激发所需要的最小能量）或金属的功函数（表示一个起始能量为费米能级的电子由金属内部逸出到真空中所需的最小能量）的影响所导致的整流特性变化所制成的气敏器件；MOS二极管气敏器件是一种利用MOS二极管的电容-电压特性的变化制成的MOS半导体气敏器件；MOSFET气敏器件是一种利用MOS场效应晶体管（MOSFET）的阈值电压的变化做成的半导体气敏器件。

2．典型器件举例

本单元以TGS813可燃性气体传感器（见图1-13和图1-14，其中MQ-4与TGS813原理类似、用法一样）和MQ135空气质量传感器（见图1-15，其中TGS2602与MQ135原理类似）为例，介绍具体特性。

（1）TGS813可燃性气体传感器

图1-13　可燃性气体传感器TGS813和MQ-4

① 基本特性。

- 驱动电路简单；
- 寿命长，功耗低；
- 对甲烷、乙烷、丙烷等可燃性气体的敏感度高。

② 典型应用。

- 家庭用泄漏气体检测报警器；
- 工业用可燃气体检测报警器；
- 便携式可燃气体检测报警器。

③ 技术参数。

- 回路电压V_C：最大24V；
- 测量范围：500～10 000ppm；
- 灵敏度（电阻比）：0.55～0.65；
- 加热器电压V_H：5V±0.2V（AC/DC）。

TGS813可燃性气体传感器测试电路如图1-14所示，共有6个引脚，其中引脚1和引脚3短路后接回路电压；引脚4和引脚6短接后作为传感器的信号输出端；引脚2和引脚5为传感器的加热丝的两端，外接加热丝电压。加热器电压V_H用于加热，回路电压V_c则是用于测定负载电阻R_L上的两端电压V_{RL}。随着待测气体浓度的变化，引脚1和引脚4之间的阻抗随之发生变化，从而通过负载电阻R_L引起V_{RL}的变化，因此可以通过测量V_{RL}来检测待测气体的浓度。

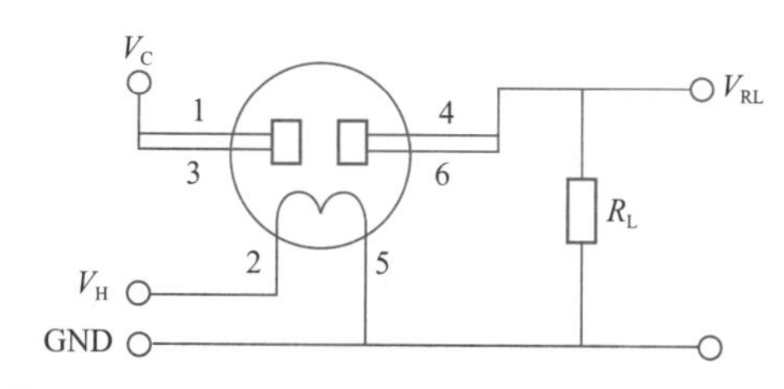

图1-14　TGS813可燃性气体传感器测试电路图

（2）MQ135空气质量传感器

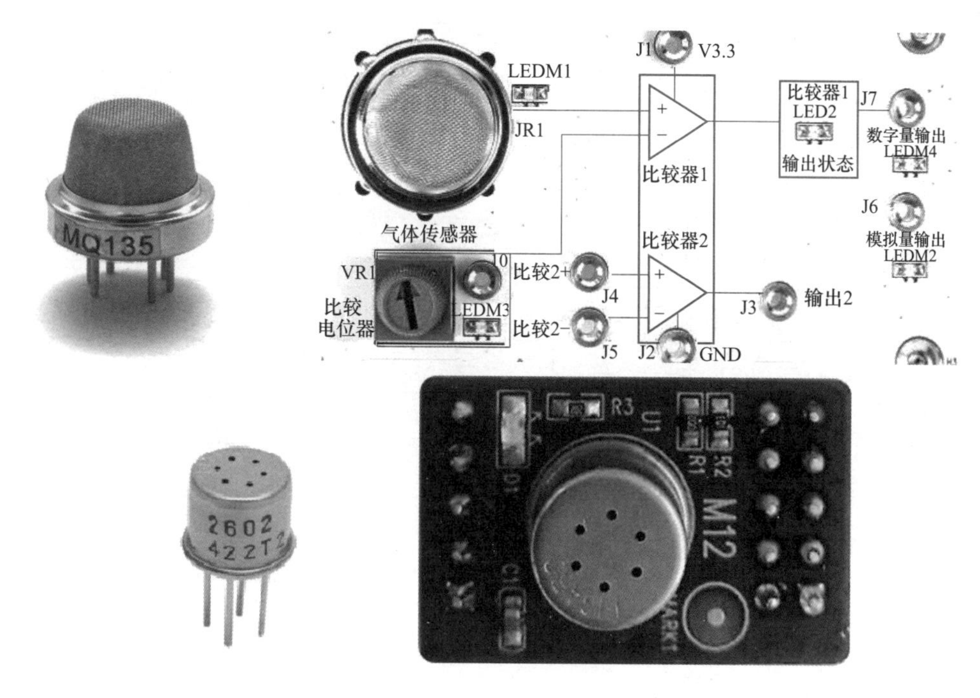

图1-15　空气质量传感器MQ135和TGS2602

MQ135空气质量传感器所使用的气敏材料是在清洁空气中电导率较低的二氧化锡。当传感器所处环境中存在污染气体时，传感器的电导率随空气中污染气体浓度的增加而增大。使用简单的电路即可将电导率的变化转换为与该气体浓度相对应的输出信号。

① 基本特性。

- 驱动电路简单；
- 寿命长，功耗低；
- 对氨气、硫化物、苯系蒸气的灵敏度高，对烟雾和其他有害气体的检测也较为有效。

② 典型应用。

- 空气质量检测报警器；
- 工业有害气体检测报警器；

- 空气清新机、换气扇、脱臭器等。

③ 技术参数见表1-5。

表1-5　MQ135空气质量传感器技术参数

产品型号			MQ135
产品类型			半导体气体传感器
标准封装			胶木，金属罩
检测气体			氨气、硫化物、苯系蒸气
检测浓度			10～1000ppm（氨气、甲苯、氢气、烟）
标准电路条件	回路电压	V_C	≤24V（直流）
	加热电压	V_H	5V±0.1V（AC or DC）
	负载电阻	R_L	可调
标准测试条件下气敏元件特性	加热电阻	R_H	29Ω±3Ω（室温）
	加热功耗	P_H	≤950mW
	灵敏度	S	Rs（in air）/Rs（in 400ppm H2）≥5
	输出电压	V_s	2.0V～4.0V（in 400ppm H2）
	浓度斜率	α	≤0.6（R400ppm/R100ppm H2）
标准测试条件	温度、湿度		20℃±2℃；55% RH±5%RH
	标准测试电路		V_C:5V±0.1V；V_H:5V±0.1V
	预热时间		不少于48h

MQ135空气质量传感器测试电路如图1-16所示，该传感器需要施加两个电压：加热器电压（V_H）和测试电压（V_C）。其中V_H用于为传感器提供特定的工作温度，可用直流电源或交流电源。V_{RL}是传感器串联的负载电阻（R_L）上的电压。V_C是为负载电阻R_L提供测试的电压，须用直流电源。

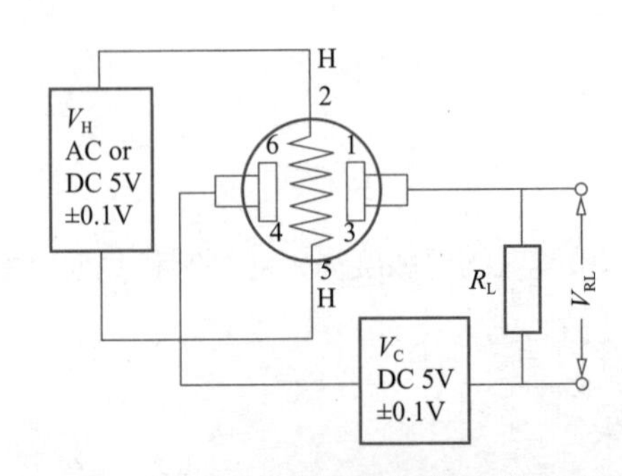

图1-16　MQ135空气质量传感器测试电路图

TGS813可燃性气体传感器和MQ135空气质量传感器的工作电路原理较为相似，其典型电路如图1-17所示。1、3引脚受空气中相关气体浓度的影响输出相应的电压信号，该点既可以作为LM393中比较器1引脚的正端（3脚）输入电压，也可以直接送至其他模块的模数转换接口，转换为相应的数字量，并进一步对该传感数据进行定量分析。采集电位器（VR_1）调节端的电压作为比较器1引脚负端（2引脚）输入电压。比较器1引脚根据两个电压的情况进行对比，输出端（1引脚）输出相应的电平信号。调节VR_1，即调节比较器1引脚负端的输入电压，设置对应的气体浓度灵敏度，即阈值电压。当气体正常或有害气体浓度较低时，传感器的输出电压小于阈值电压，比较器1引脚输出为低电平电压；当出现有害气体（液化气等）且浓度超过阈值时，传感器的输出电压增大，增大到大于阈值电压时，比较器1脚输出为高电平。比较器1脚的输出信号实际上是一种开关量传感数据（详见后续内容的介绍），可以送至其他微控制器的输入口进行识别以实现定性分析，或者连接其他模块的输入电路以实现控制功能（比如，继电器）。其他型号电阻型气体传感器（比如，TGS2602、MQ-2、MQ-4）的工作原理大同小异，分别提供加热和测试电压，对输出的电压进行模数转换后再换算成相应的浓度值，或者将输出的模拟电压通过比较器电路实现开关量输出。

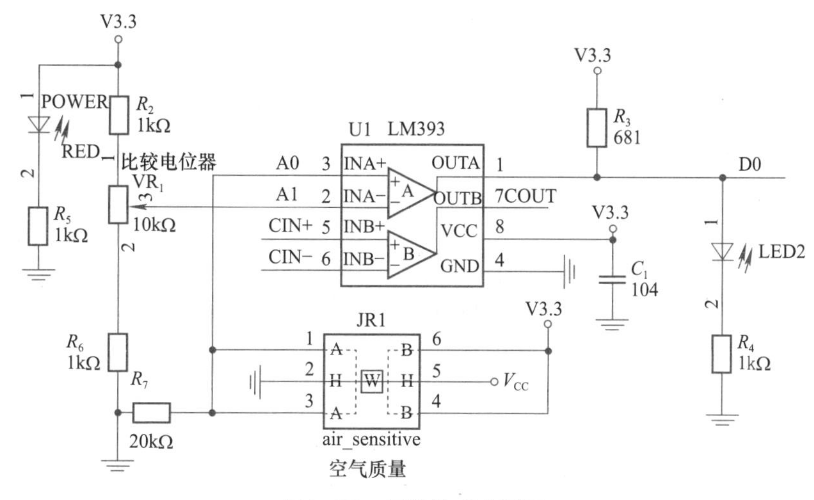

图1-17　气体传感电路图

1.1.3　模拟量转换为数字量的方法

随着数字技术，特别是信息技术的飞速发展与普及，在现代控制、通信及检测等领域，为了提高系统的性能指标，对信号的处理广泛采用了数字计算机技术。由于系统的实际对象往往都是模拟量（如温度、压力、位移、图像等），而要使计算机或数字仪表能识别、处理这些信号，必须首先将这些模拟量转换成数字量。此外，经计算机分析、处理后输出的数字量也往往需要将其转换为相应的模拟量才能为执行机构所接受。因此，就需要一种能在模拟量与数字量之间起桥梁作用的器件——模-数转换器和数-模转换器。

将模拟量转换成数字量的器件，称为模数转换器（简称A-D转换器或ADC，Analog to

Digital Converter）。将数字信号转换为模拟信号的电路称为数-模转换器（简称D-A转换器或DAC，Digital to Analog Converter）。A-D转换器和D-A转换器已成为信息系统中不可缺少的接口电路。

1．A-D转换的过程

模-数转换过程包括采样、保持、量化和编码四个过程。在某些特定的时刻对这种模拟信号进行测量叫作采样，通常采样脉冲的宽度是很短的，所以采样输出是断续的窄脉冲。要把一个采样输出信号数字化，需要将采样输出所得的瞬时模拟信号保持一段时间，这就是保持过程。量化是将保持的抽样信号转换成离散的数字信号。编码是将量化后的信号编码成二进制代码输出。这些过程有些是合并进行的，例如，采样和保持就利用一个电路连续完成，量化和编码也是在转换过程中同时实现的，且所用时间又是保持时间的一部分。

2．A-D转换器的主要性能指标

① 分辨率：它表明A-D对模拟信号的分辨能力，由它来确定能被A-D辨别的最小模拟量变化。一般来说，A-D转换器的位数越多，其分辨率则越高。实际的A-D转换器通常有8、10、12和16位等。

② 量化误差：由A-D的有限分辨率而引起的误差，即有限分辨率A-D的阶梯状转移特性曲线与无限分辨率A-D（理想A-D）的转移特性曲线（直线）之间的最大偏差。通常是1个或半个最小数字量的模拟变化量，表示为1LSB、1/2LSB。

③ 转换时间：转换时间是A-D完成一次转换所需要的时间。一般转换速度越快越好，常见有高速（转换时间<1ms）、中速（转换时间<1ms）和低速（转换时间<1s）等。

④ 绝对精度：指的是对应于一个给定量，A-D转换器的误差，其误差大小由实际模拟量输入值与理论值之差来度量。

⑤ 相对精度：指的是满度值校准以后，任一数字输出所对应的实际模拟输入值（中间值）与理论值（中间值）之差再去除以量程。例如，对于一个8位0～3.3V的A-D转换器，如果其相对误差为1LSB，则其绝对误差为12.9mV，相对误差为0.39%。

3．模拟量转换为数字量举例

A-D转换电路中，模拟量U_A经模数转换后的数字量A-D计算过程如下：

$$\text{A-D}=2^n\frac{U_A}{V_{DD}}=\frac{2^n}{V_{DD}}U_A \tag{1-1}$$

式中，n为模数转换的精度位数；V_{DD}为转换电路的供电电压。如传感器实验模块中精度为8位、供电电压为3.3V，则$\text{A-D}=\frac{256}{3.3}U_A$。

1.2 数字量传感数据采集

数字量是与模拟量相对应的一种物理量，数字量的特征是其变化在时间上和数值上都是不连续的（离散），其数值变化都是某一个最小数量单位的整数倍。在利用相应传感器对温度、湿度进行数据采集时，所输出的信号就是典型的数字量。在本单元中，选取温度、湿度这两个典型的数字量传感数据采集工作案例，讲解工作过程中所需使用的常用传感器、传感器基本工作原理和基本参数、传感器选用方法；然后，以典型器件为例，介绍温度传感器、湿度传感器的核心电路原理图和技术手册中的基本内容。

1.2.1 温度数据采集

在采集温度传感数据时，通常使用温度传感器。它能感知物体温度并将非电学的物理量转换为电学量。温度传感器是通过物体随温度变化而改变某种特性来间接测量的，依据其工作原理可以分为多类：利用体积热膨胀可制成气体温度器件、水银温度器件、有机液体温度器件、双金属温度器件、液体压力温度器件、气体压力温度器件；利用电阻变化可制成铂测温电阻、热敏电阻；利用温差电现象可制成热电偶；利用磁导率变化可制成热敏铁氧体；利用压电效应可制成石英晶体振动器；利用超声波传播速度变化可制成超声波温度器件；利用晶体管特性变化可制成晶体管半导体温度传感器；利用晶闸管动作特性变化可制成晶闸管温度器件；利用热、光辐射可制成辐射温度器件、光学高温器件。

温度传感器按测量方式可分为接触式和非接触式两大类。接触式温度传感器直接与被测物体接触进行温度测量，由于被测物体的热量传递给传感器，降低了被测物体温度，特别是被测物体热容量较小时，测量精度较低。因此采用这种方式要测得物体的真实温度的前提条件是被测物体的热容量要足够大。非接触式温度传感器主要是利用被测物体热辐射而发出红外线，从而测量物体的温度，可进行遥测。其制造成本较高，测量精度却较低。其优点在于不从被测物体上吸收热量，因而不会干扰被测对象的温度场。温度传感器广泛用于温度测量与控制、温度补偿等，温度传感器的数量在各种传感器中占据了较大比重。

1．常用传感器

（1）热敏电阻

热敏电阻是一种电阻值随温度变化的半导体传感器。它的温度系数很大，比温差电偶和线绕电阻测温元件的灵敏度高几十倍，适用于测量微小的温度变化。热敏电阻体积小、热容量小、响应速度快，能在空隙和狭缝中测量。它的阻值高，测量结果受引线的影响小，可用于远距离测量。它的过载能力强，成本低廉。但热敏电阻的阻值与温度为非线性关系，所以它只能

在较窄的范围内用于精确测量。热敏电阻在一些精度要求不高的测量和控制装置中得到了广泛应用。

使用热敏电阻制成的探头有珠状、棒杆状、片状和薄膜等形式，封装外壳多用玻璃、镍和不锈钢管等套管结构。图1-18为热敏电阻的结构图和部分常用热敏电阻的实物图。

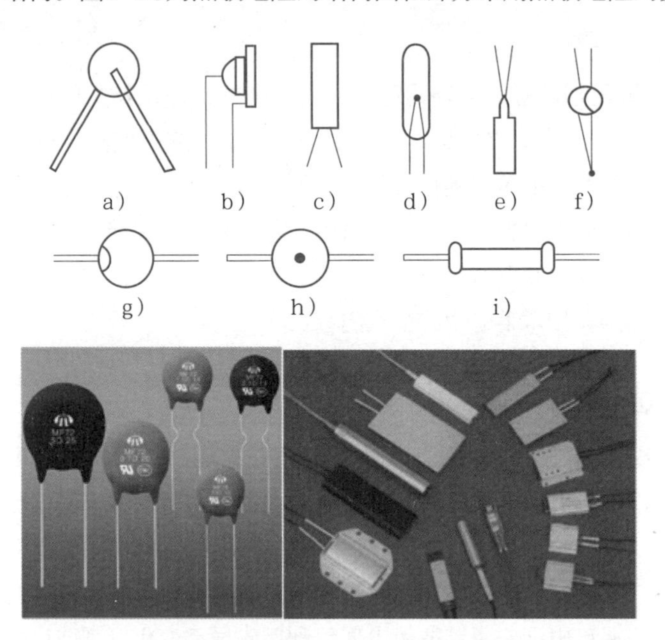

图1-18　热敏电阻的结构图与部分常用热敏电阻实物图

a）图片形　b）薄膜形　c）杆形　d）管形　e）平板形　f）珠形　g）扁圆形　h）垫圆形　i）杆形（金属帽引出）

热敏电阻的温度特性是指半导体材料的电阻值随温度变化而变化的特性。热敏电阻按电阻温度特性分为：负温度系数热敏电阻、正温度系数热敏电阻和临界负温度系数热敏电阻。负温度系数热敏电阻（Negative Temperature Coefficient，NTC）泛指温度很大的半导体材料或元器件。NTC热敏电阻是一种典型具有温度敏感性的半导体电阻，它的电阻值随着温度的升高呈线性减小，通常以锰、钴、镍和铜等金属氧化物为主要材料，采用陶瓷工艺制造而成。上述金属氧化物材料都具有半导体性质：在温度变低时其中的载流子（电子和空穴）数目少，所以其电阻值较高；随着温度的升高，载流子数目增加，所以电阻值降低。正温度系数热敏电阻（Positive Temperature Coefficient，PTC）泛指正温度系数很大的半导体材料或元器件。PTC热敏电阻是一种典型具有温度敏感性的半导体电阻，超过一定的温度时，它的电阻值随着温度的升高呈阶跃性的增高。采用一般陶瓷工艺成形、高温烧结，其温度系数随成分及烧结条件（尤其是冷却温度）不同而变化。临界温度热敏电阻（Critical Temperature Resistor，CTR）具有负电阻突变特性，即电阻值随温度的增加急剧减小，具有很大的负温度系数。构成材料通常是钒、钡、锶、磷等元素氧化物的混合烧结体，其骤变温度随添加锗、钨、钼等的氧化物而变化。

热敏电阻的温度特性曲线图如图1-19所示，可以看出：热敏电阻的温度系数值远远大于金属热电阻，所以具有较高的灵敏度；热敏电阻温度曲线非线性现象十分严重，所以其有效测温范围小于金属热电阻。

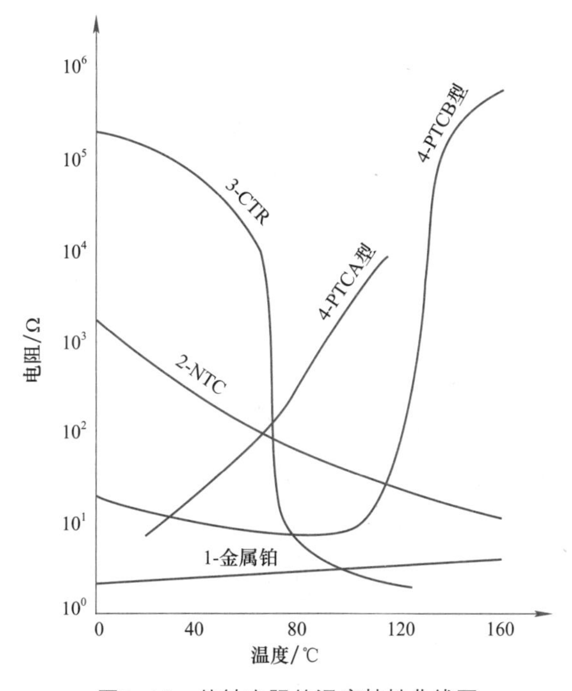

图1-19　热敏电阻的温度特性曲线图

由于热敏电阻温度曲线非线性严重，为了保证一定范围内温度测量的精度要求，应进行线性化处理。线性化处理的方法有下面几种方法：

线性化网络：利用包含有热敏电阻的电阻网络（常称线性化网络）来代替单个的热敏电阻，使网络中的电阻与温度成单值线性关系，最简单的方法是用温度系数很小的精密电阻与热敏电阻串联或并联构成电阻网络。经处理后的等效电阻与温度的关系曲线会显得比较平坦，因此可以在某一特定温度范围内得到线性的输出特性。图1-20展示了一种热敏电阻的线性化网络，可以依据所需要的温度特性，通过计算或图解方法确定网络中的电阻R_1、R_2和R_3。

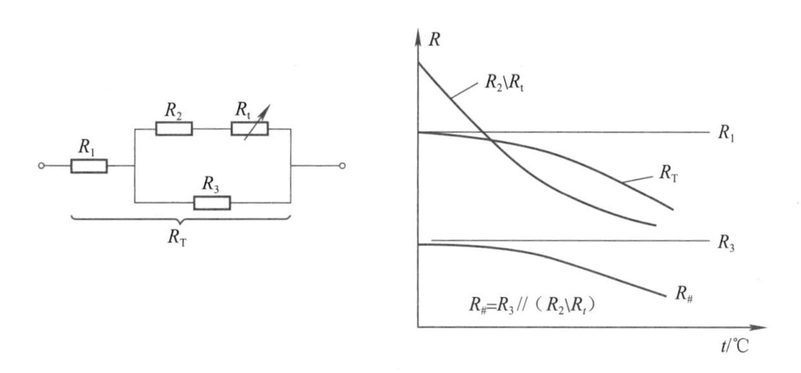

图1-20　热敏电阻线性化网络示例及对应温度特性曲线

利用测量装置中其他部件的特性进行修正：利用电阻测量装置中其他部件的特性可以进行综合修正。图1-21所示是一个温度-频率转换电路，虽然电容C的充电特性是非线性特性，但适当地选取线路中的电阻，可以在一定的温度范围内得到近似于线性的温度-频率转换特性。

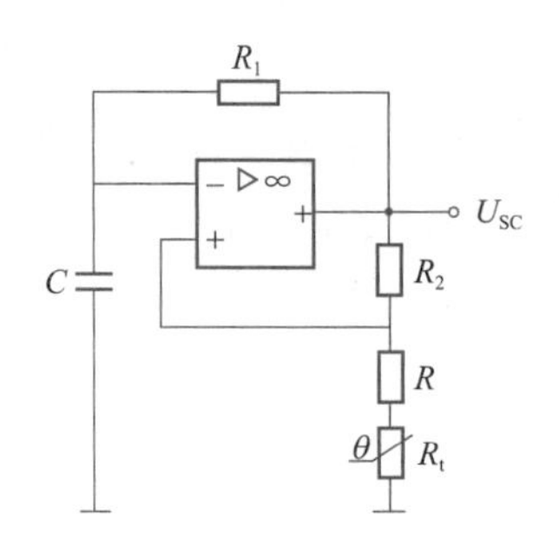

图1-21　温度-频率转换电路

计算修正法：在带有微处理器（或微计算机）的测量系统中，当已知热敏电阻的实际特性和要求的理想特性时，可采用线性插值法将特性分段，并把各分段点的值存放在计算机的存储器内。计算机将根据热敏电阻的实际输出值进行校正计算后给出要求的输出值。

（2）热电偶

热电偶（见图1-22）是温度测量仪表中常用的测温元件，它直接测量温度，并把温度信号转换成热电动势信号，通过电气仪表（二次仪表）转换成被测介质的温度。各种热电偶的外形虽不相同但基本结构却大致相同，通常由热电极、绝缘套保护管和接线盒等主要部分组成。热电偶的工作原理可以总结为：当有两种不同的导体组成一个回路时，只要两接点处的温度不同，回路中就产生一个电动势，该电动势的方向和大小与导体的材料及两接点的温度有关。这种现象称为热电效应，两种导体组成的回路即为热电偶，产生的电动势则称为热电动势。

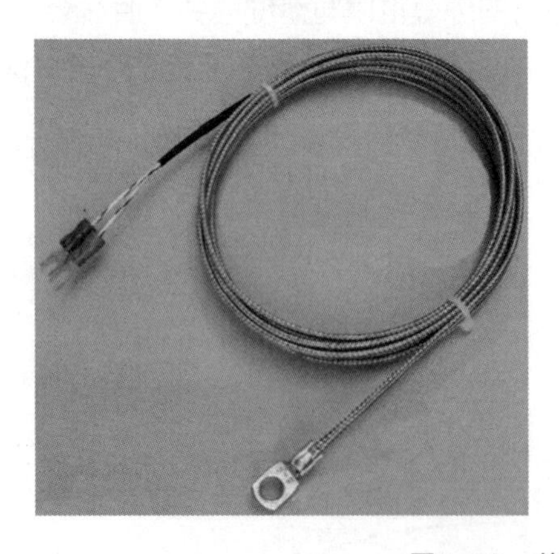

图1-22　热电偶实物

热电动势由两部分电动势组成，一部分是两种导体的接触电动势，另一部分是单一导体的温差电动势。接触电动势是指当两种不同的导体连接在一起时，由于两者内部的自由电子密度不同，在其接触处就会发生电子的扩散，且电子在两个方向上扩散的速率不相同，从而在接触处形成电位差（即电动势）。接触电动势的大小与导体的材料、接点的温度有关，而与导体的直径、长度、几何形状等无关。温差电动势是指当单一金属导体的两端温度不同时，其两端将产生一个由热端指向冷端的静电场，从而产生的电位差。温差电动势的大小取决于导体材料和两端的温度。

在热电偶回路中接入第三种金属材料时，只要该材料两个接点的温度相同，热电偶所产生的热电动势就保持不变，即不受第三种金属接入回路中的影响。因此，在热电偶测温时，可接入测量仪表，测得热电动势后，即可知道被测介质的温度。热电偶测量温度时要求其冷端（测量端为热端，通过引线与测量电路连接的端称为冷端）的温度保持不变，其热电动势大小才与测量温度呈一定的比例关系。若测量时，冷端的（环境）温度变化，将严重影响测量的准确性。在冷端采取一定措施，补偿由于冷端温度变化造成的影响称为热电偶的冷端补偿。

热电偶输出的电动势只有在冷端温度不变的条件下才与工作端温度成单值函数关系。在实际应用中，热电偶冷端可能离工作端很近，且又处于大气中，其温度受到测量对象和周围环境温度变化的影响，因而冷端温度难以保持恒定，这样会带来测量误差，因此需要进行冷端温度补偿。常见的有补偿导线法、冷端温度校正法、冷端恒温法及自动补偿法。

2．典型器件举例

本单元以SHT11温湿度传感器（见图1-23）为例，介绍其具体特性。

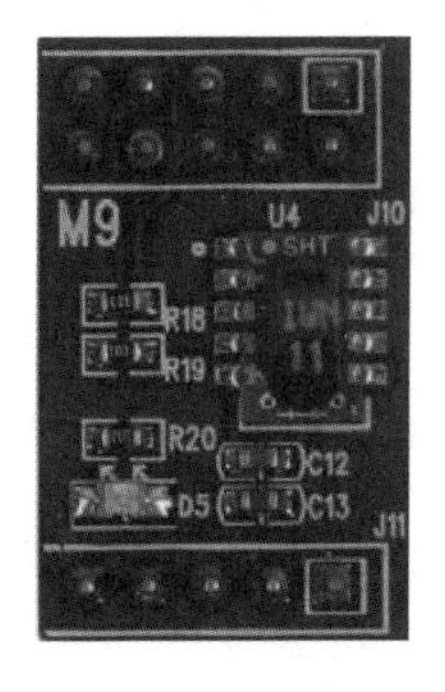

图1-23　温湿度传感器

SHT11温湿度传感器将温度感测、湿度感测、信号变换、A-D转换和加热器等功能集成到一个芯片上采用CMOS过程微加工技术，具有较高的可靠性和稳定性。该传感器由1个电容式聚合体测湿组件和1个能隙式测温组件组成，并与1个14位的A-D转换器以及1个2-wire数字接口在单晶片中无缝结合，使得该产品具有功耗低、反应快、抗干扰能力强等优点。该芯片包括一个电容性聚合体湿度敏感元件和一个用能隙材料制成的温度敏感元件。这两个敏感元件分别将湿度和温度转换成电信号，该电信号首先进入微弱信号放大器进行放大，然后进入一个14位的A-D转换器；最后经过二线串行数字接口输出数字信号。SHT11在出厂前都会在恒湿或恒温环境中进行校准，校准系数存储在校准寄存器中；在测量过程中，校准系数会自动校准来自传感器的信号。此外，SHT11内部还集成了一个加热元件，加热元件接通后可以将SHT11的温度升高5℃左右，同时功耗也会有所增加。此功能主要为了比较加热前后的温度和湿度，可以综合验证两个传感器元件的性能。在高湿环境中，加热传感器可预防传感器结露，同时缩短响应时间，提高精度。加热后SHT11温度升高、相对湿度降低，较加热前，测量值会略有差异。

① 基本特性。

- 相对湿度和温度的测量；
- 全部校准，数字输出；
- 接口简单（2-wire），响应速度快；
- 超低功耗，自动休眠；
- 出色的长期稳定性；
- 超小体积（表面贴装）。

② 典型应用。

- 智能环境监控系统；
- 数据采集器、变送器；
- 计量测试、医药业。

③ 技术参数。

- 全量程标定，两线数字输出；
- 湿度测量范围：0～100%RH；
- 温度测量范围：-40～123.8℃；
- 湿度测量准确度：±3%RH；
- 温度测量准确度：±0.4℃；
- 封装：SMD（LCC）。

SHT11 温湿度传感器的典型工作电路如图1-24所示，SHT11通过二线数字串行接口来访问，所以电路结构较为简单。需要注意的是，DATA数据线需要外接上拉电阻。时钟线SCK用于微处理器和SHT11之间通信同步，由于接口包含了完全静态逻辑，所以对SCK最低频率没有要求；当工作电压高于4.5V时，SCK的频率最高为5MHz，而当工作电压低于4.5V时，SCK的最高频率为1MHz。微处理器和温湿度传感器通信采用串行二线接口SCK

和DATA，其中SCK为时钟线，DATA为数据线。该二线串行通信协议和I^2C协议是不兼容的。在程序开始，微处理器需要用一组“启动传输”时序表示数据传输的启动。当SCK时钟为高电平时，DATA翻转为低电平；紧接着SCK变为低电平，随后又变为高电平；在SCK时钟为高电平时，DATA再次翻转为高电平。接着，在发布一组测量命令后，SHT11通过下拉DATA至低电平并进入空闲模式，表示测量结束，随后，外部的微控制器就可以通过DATA口读取传感器输出的2B的测量数据和1B的CRC奇偶校验数据了。

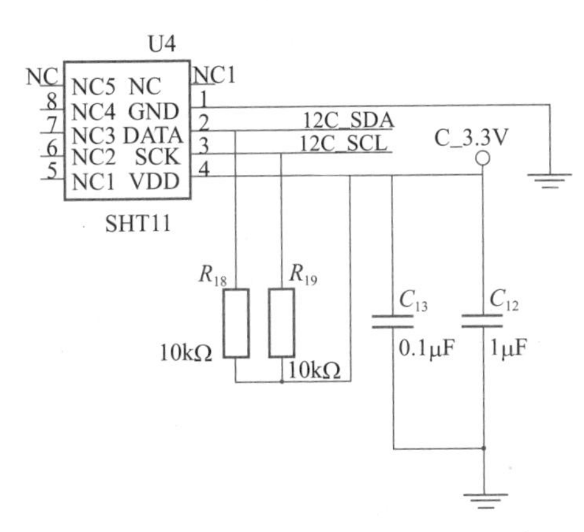

图1-24　SHT11温湿度传感器工作电路图

1.2.2　湿度数据采集

在采集湿度传感数据时，通常使用湿度传感器，而湿敏传感器是指能够感受外界湿度变化，并通过器件材料的物理或化学性质变化将非电学的物理量转换为电学量的器件。湿度检测较之其他物理量的检测显得困难，这首先是因为空气中水蒸气含量要比空气少得多；另外，液态水会使一些高分子材料和电解质材料溶解，一部分水分子电离后与溶入水中的空气中的杂质结合成酸或碱，使湿敏材料不同程度地受到腐蚀和老化，从而丧失其原有的性质；再者，湿信息的传递必须靠水对湿敏器件直接接触来完成，因此湿敏器件只能直接暴露于待测环境中，不能密封。通常，对湿敏器件有下列要求：在各种气体环境下稳定性好、响应时间短、寿命长、有互换性、耐污染和受温度影响小等。

在实际生活中，许多现象与湿度有关，如水分蒸发的快慢。然而除了与空气中水蒸气分压有关外，更主要的是和水蒸气分压与饱和蒸汽压的比值有关。因此有必要引入相对湿度的概念。相对湿度为某一被测蒸汽压与相同温度下的饱和蒸汽压的比值的百分数，常用“%RH”表示。这是一个无量纲的值。显然，绝对湿度给出了水分在空间的具体含量，相对湿度则给出了大气的潮湿程度，故使用更广泛。湿敏元件主要分为两大类：水分子亲和力型湿敏元件和非水分子亲和力型湿敏元件。利用水分子有较大的偶极矩，易于附着并渗透入固体表面的特性制成的湿敏元件称为水分子亲和力型湿敏元件。非亲和力型湿敏元件利用其与水分子接触产生的物理效应来测量湿度。

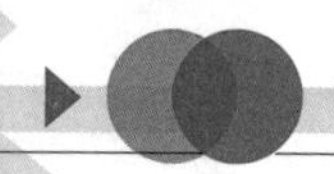

1．常用传感器

（1）电解质型湿敏器件

电解质型湿敏器件是利用潮解性盐类受潮后电阻发生变化制成的湿敏元件。最常用的是电解质氯化锂（LiCl）。氯化锂元件具有滞后误差较小，不受测试环境的风速影响，不影响和破坏被测湿度环境等优点，但因其基本原理是利用潮解盐的湿敏特性，经反复吸湿、脱湿后，会引起电解质膜变形和性能变劣，尤其遇到高湿及结露环境时，会造成电解质潮解而流失，导致元件损坏。

（2）半导体陶瓷型湿敏器件

许多金属氧化物如氧化铝、四氧化三铁、钽氧化物等都有较强的吸脱水性能，将它们制成烧结薄膜或涂布薄膜可制作多种湿敏元件。这种湿敏元件称为金属氧化物膜湿敏元件。将极其微细的金属氧化物颗粒在高温1300℃下烧结，可制成多孔体的金属氧化物陶瓷，在这种多孔体表面加上电极，引出接线端子就可做成半导体陶瓷型湿敏器件。

（3）高分子材料型湿敏器件

高分子材料型湿敏器件是利用有机高分子材料的吸湿性能与膨润性能制成的湿敏元件。吸湿后，介电常数发生明显变化的高分子电介质可做成电容式湿敏元件。吸湿后电阻值改变的高分子材料可做成电阻变化式湿敏元件。常用的高分子材料是醋酸纤维素、尼龙和硝酸纤维素等。高分子湿敏元件的薄膜做得极薄，一般约5000Å（$1Å=0.1nm=10^{-10}m$），使元件容易很快的吸湿与脱湿，减少了滞后误差，响应速度快。这种湿敏元件的缺点是不宜用于含有机溶媒气体的环境，元件也不能耐80℃以上的高温。

（4）电容式湿敏器件

电容式湿敏器件（见图1-25）是利用湿敏元件的电容值随湿度变化的原理进行湿度测量的传感器，其应用较为广泛。这类湿敏元件实际上是一种吸湿性电介质材料的介电常数随湿度变化而变化的薄片状电容器。吸湿性电介质材料（感湿材料）主要有高分子聚合物（例如，乙酸—丁酸纤维素和乙酸—丙酸纤维素）和金属氧化物（例如，多孔氧化铝）等。由吸湿性电介质材料构成的薄片状电容式湿敏器件能测全湿范围的湿度，且线性好、重复性好、滞后小、响应快、尺寸小，通常能在-10～70℃的环境温度中使用。

图1-25　电容式湿敏器件

电容式湿敏元件的结构如图1-26所示，在清洗干净衬底上蒸镀一层下电极并在其表面上均匀涂覆（或浸渍）一层感湿膜，然后在感湿膜的表面上蒸镀一层上电极。由上、下电极和夹在其间的感湿膜构成一个对湿度敏感的平板形电容器。

当环境中的水分子沿着电极的毛细微孔进入感湿膜而被吸附时，湿敏元件的电容值与相对湿度之间成正比关系，如图1-27所示。这类电容式湿敏器件的响应速度快，是由于电容器的上电极是多孔的透明金薄膜，水分子能顺利地穿透薄膜，且感湿膜只有一层呈微孔结构的薄膜，因此吸湿和脱湿容易。

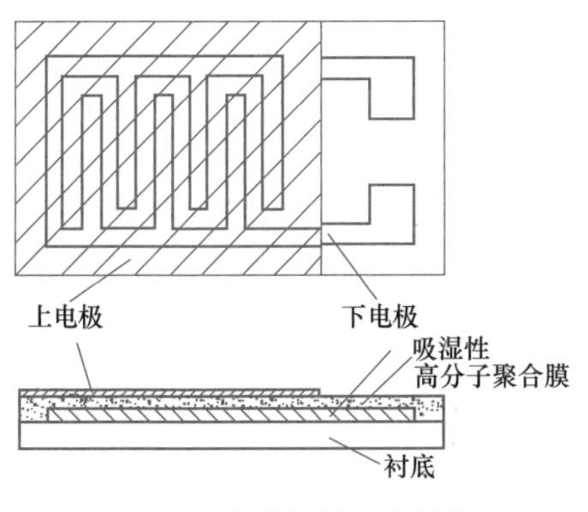

图1-26　电容式湿敏元件结构图

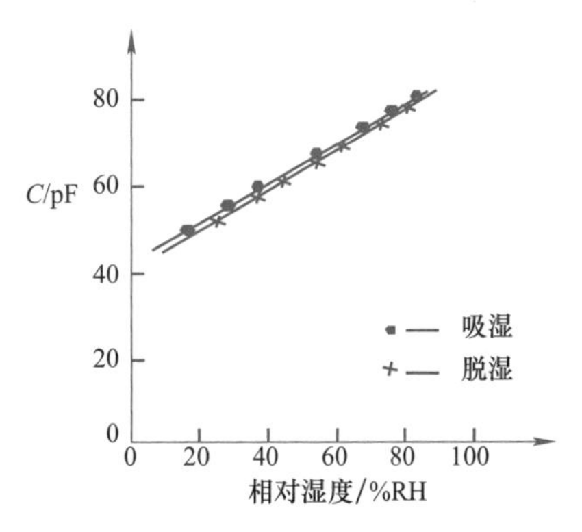

图1-27　电容式湿敏器件的响应特性图

在一定温度范围内，电容值的改变与相对湿度的改变成正比。但在高湿环境中（相对湿度大于90%）会出现非线性。为了改善湿度特性的线性度，提高湿敏元件的长期稳定性和响应速度，对氧化铝薄膜表面进行纯化处理（如盐酸处理或在蒸馏水中煮沸等），可以收到较为显著的效果。常用的电容式湿敏元件，其电容量随着所测空气湿度的增加而增大，湿敏电容值的变化转换为与之呈反比的电压频率信号。

2．典型器件举例

在上一节中已经介绍了SHT11温湿度传感器，此处不再赘述。

1.3　开关量传感数据采集

开关量传感数据可以对应于模拟量传感数据的“有”和“无”，也可以对应于数字量传感数据的“1”和“0”两种状态，是传感数据中最基本、最典型的一类。在利用相应传感器采集红外信号或声音信号并判定其有无时，所输出的就是典型的开关量。在本单元中，选取采集并判定红外信号或声音信号这两个典型的开关量传感数据采集工作案例，讲解了工作过程中所需使用的常用传感器、传感器基本工作原理和基本参数、传感器选用方法。然后，以典型器件为例，介绍了红外传感器和声音传感器的核心电路原理图和技术手册中的基本内容。

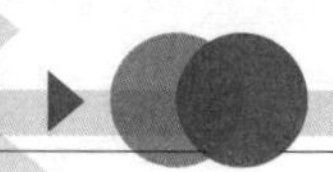

1.3.1 红外信号数据采集

在采集红外传感数据时，通常使用红外传感器。它是一种能感知目标所辐射的红外信号并利用红外信号的物理性质来进行测量的器件。本质上，可见光、紫外光、红外光及无线电等都是电磁波，它们之间的差别只是波长（或频率）的不同而已。红外信号因其频谱位于可见光中的红光以外，因而称之为红外光。考虑到任何温度高于绝对零度的物体都会向外部空间辐射红外信号，因此红外传感器广泛应用于航空航天、天文、气象、军事、工业和民用等众多领域。

1．常用传感器

在本单元中，以槽型、对射型、反光板反射型和人体感应型器件为例介绍红外光电传感器的基本参数和特性。

（1）槽型红外光电传感器

槽型红外光电传感器的槽体内包含一组面对面安放的红外线发射管和红外线接收管，如图1-28所示。在无阻挡的情况下，红外线发射管发出的红外光能被红外线接收管接收。而当被检测物体从槽中通过时，由于红外光被遮挡，光电开关便输出一个开关控制信号，切断或接通负载电流，从而完成一次控制动作。通常，槽型红外光电传感器的检测距离因为受整体结构的限制一般只有几厘米。

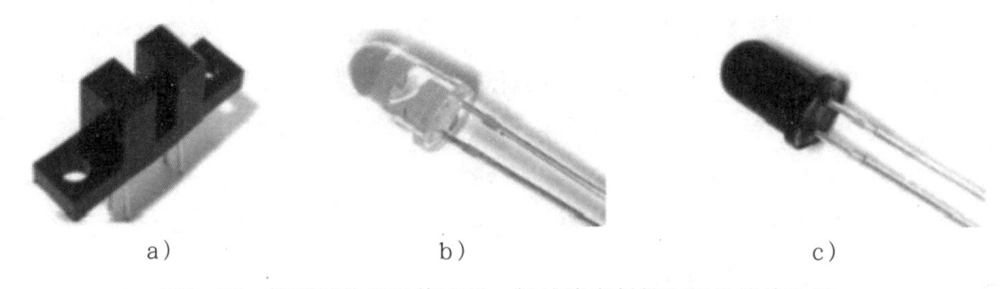

a） b） c）

图1-28 槽型红外光电传感器、红外线发射管和红外线接收管

a）槽型红外光电传感器 b）红外线发射管 c）红外线接收管

（2）对射型红外光电传感器

对射型红外光电传感器工作原理类似于槽型红外光电传感器，其区别主要在于加大了红外线发射管和红外线接收管之间的距离，此类器件又可称为对射分离式红外开关，如图1-29所示。其基本结构仍是由一个发射器和一个接收器组成的，检测距离可达几米乃至几十米。在使用时，可以把发射器和接收器分别装在待检测物需要通过路径的两侧，当检测物通过时便会阻挡光路，从而输出一个开关控制信号。

图1-29 对射型红外光电传感器

（3）反光板反射型红外光电传感器

如果把发射器和接收器装入同一个装置内，并在其前方装一块反光板，利用反射原理完成光电控制作用的器件称为反光板反射型（或反射镜反射式）红外光电传感器（见图1-30）。在正常情况下，发射器发出的光被反光板反射回来然后被接收器收到；一旦光路被检测物挡住，接收器收不到光时，光电开关即可输出一个开关控制信号。

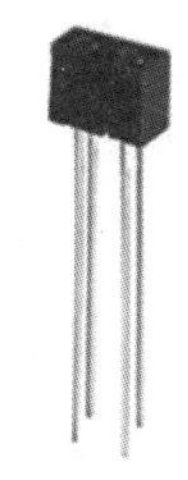

图1-30　反光板反射型红外光电传感器

（4）人体感应型红外传感器

人体感应型红外传感器可以探测人体红外热辐射，主要由透镜、红外热辐射感应器、感光电路和控制电路所组成，如图1-31所示。透镜可以接收人体所发出的具有特定波长的红外信号并增强聚集到感光组件上，这使得感光组件中的热释电元件产生极化压差，触发感光电路发出识别信号，从而达到探测人体的目的。当需要感知运动的人体时，传感器中需要使用至少两个感应器，当感应区域内无运动人体时，两个感应器会检测到相同量的红外热辐射；而当有人体（或具有相似热辐射特征的物体）经过时将导致两个感应器之间的检测量发生变化。人体红外传感器广泛安装于走廊、楼道、化妆室、地下室、仓库、车库等场所，应用在基于人体感应的安防报警、自动照明等智能控制系统。

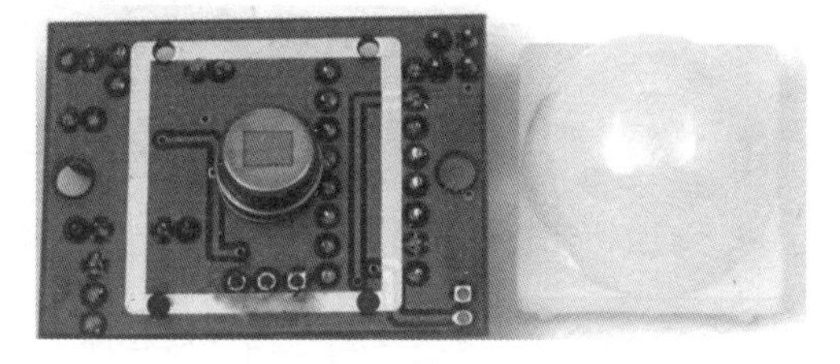

图1-31　人体感应型红外传感器及透镜

2. 典型器件举例

本单元以Flame-1000-D红外火焰传感器（见图1-32，其中M23与Flame-1000-D原理类似）、HC-SR501人体感应红外传感器为例（见图1-33），介绍其具体特性。

（1）Flame-1000-D红外火焰传感器

图1-32　火焰传感器Flame-1000-D和M23

① 基本特性。

- 能够探测火焰发出的波段范围为700～1100 nm的短波近红外线；
- 双重输出组合，数字输出使得系统设计简化，更为简单；模拟输出使得需要高精度的场合使用更为精确。满足不同需求的场合使用；
- 检测距离可调节，通过调节精密电位器，检测距离能够很方便地调节。

② 典型应用。

红外火焰探测技术是目前火灾及时预警的最佳方案之一，该技术通过探测火焰所发出的特征红外线来预警火灾，比传统感烟或感温式火灾探测技术响应速度更快。

③ 技术参数。

- 探测波长：700～1100nm；
- 探测距离：大于1.5m；
- 供电电压：3～5.5V；
- 数字输出：当检测到火焰时输出高电平，没有检测到火焰时输出低电平；
- 模拟输出：输出端电压随火焰强度变化而改变。

（2）HC-SR501人体感应红外传感器

图1-33　HC-SR501人体感应型红外传感器

① 基本特性。

探测元件将探测并接收到的红外辐射转变成弱电压信号，经装在探头内的场效应晶体管放大后向外输出。为了提高探测器的探测灵敏度以增大探测距离，一般在探测器的前方装设一个菲涅尔透镜，它和放大电路相配合，可将信号放大70dB以上。一旦有人侵入探测区域内，人体红外辐射通过部分镜面聚焦，并被热释电元件接收，但是两片热释电元件接收到的热量不同，热释电也不同，不能抵消，经信号处理而报警。

② 典型应用。

- 自动照明控制；

- 安防系统；
- 自动门控制；
- 非接触测温。

③ 技术参数。

- 工作电压：DC 5～20V；
- 静态功耗：65μA；
- 电平输出：高3.3V，低0V；
- 延迟时间：可调（0.3s～10min）；
- 封锁时间：0.2s；
- 触发方式：L不可重复，H可重复，默认值为H；
- 感应范围：小于120° 锥角，7m以内；
- 工作温度：-15～70℃。

人体红外传感器电路如图1-34所示，主要工作原理如下：当检测到运动的人体时，J7的引脚2会输出电平经R_{11}至晶体管2N3904S的基极，从而点亮发光二极管VD_1，该信号可以同时送至外部微处理器（J1）的INT引脚进行识别（即高低电平的识别）。

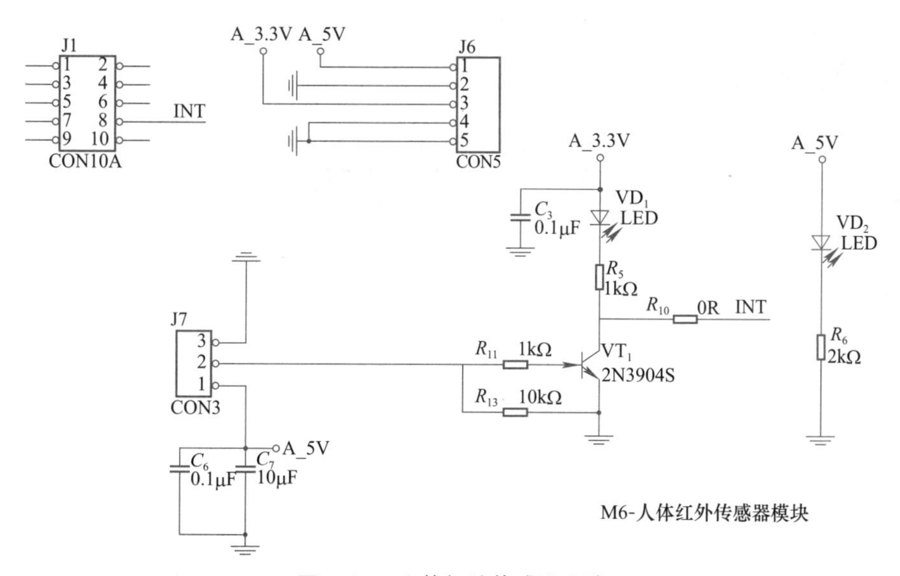

图1-34　人体红外传感器电路

1.3.2　声音信号数据采集

声音是由物体振动产生的声波，是通过介质传播并能被听觉器官所感知的波动现象。声音信号采集器件的功能就是将外界作用于其上的声信号转换成相应的电信号，然后将这个电信号输送给后续处理电路以实现传感数据采集。常用的声传感器按换能原理的不同大体可分为3种类型，即电容式、压电式和电动式，其典型应用为驻极体电容式声音信号采集器件、压电驻极体电声器件和动圈式声音信号采集器件，它们具有结构简单、使用方便、性能稳定、可靠性好、灵敏度高等诸多优点。声音信号采集器件也可以分为压强型和自由场型两种形式，考虑到自由场型更适合于噪声声级的测量，所以一般在声级测量中均采用自由场型的声音信号采集器件。声音信号采集器件的性能通常还与其尺寸有关，尺寸大的一般具有灵敏度较高和可测声级的下限较低的优点，但其频率范围较窄；而尺寸小的虽然灵敏度较低但其频率范围一般较宽且可测声级的上限较高。

1．常用传感器

（1）电容式驻极体声音传感器

电容式驻极体声音传感器通常可以分为振膜式和背极式，背极式由于膜片与驻极体材料各自发挥其特长，因此性能比振膜式好。电容式驻极体声音传感器的结构与一般的电容式声音传感器大致相同，工作原理也相同，只是不需要外加极化电压，而是由驻极体膜片或带驻极体薄层的极板表面电位来代替。电容式驻极体式声音传感器的振膜受声波策动时就会产生一个按照声波规律变化的微小电流，经过电路放大后就产生了音频电压信号。

电容式驻极体声音传感器通常具有寿命长、频响宽、工艺简单、体积小及重量轻的优点，从而使现场使用更为方便。这种传感器除了有较高精度外，还允许有较大的非接触距离、优良的频响曲线。另外，它有良好的长期稳定性，在高潮湿的环境下仍能正常工作，对于一般的生产或检测环境都能够满足要求。常用电容式驻极体声音传感器参数见表1-6。

表1-6　常用电容式驻极体声音传感器参数

型号	频率范围±2dB/kHz	灵敏度/（mV/Pa）	响应类型	动态范围/dB	外形尺寸直径/mm
CHZ-11	3～18	50	自由场	12～146	23.77
CHZ-12	4～8	50	声场	10～146	23.77
CHZ-11T	4～16	100	自由场	5～100	20
CHZ-13	4～20	50	自由场	15～146	12
CHZ-14A	4～20	12.5	声场	15～146	12
HY205	2～18	50	声场	40～160	12.7
4175	5～12.5	50	自由场	16～132	2642
BF5032P	0.07～20	5	自由场	20～135	49
CZ Ⅱ -60	0.04～12	100	自由场/声场	34	9.7

（2）压电驻极体声音传感器

压电驻极体声音传感器利用压电效应进行声电/电声变换，其声电/电声转换器通常为一片30～80μm厚的多孔聚合物压电驻极体薄膜，相对电容式/动圈式结构复杂且精度要求极高的零件配合设计，大大减小了电声器件的体积；同时，零件数目大为减少，可靠性得到保证，满足大规模生产的需求。压电驻极体声音传感器利用压电效应进行声电变换，取消了空气共振腔的设计，大大减小了声音传感器的体积；在性能上，压电材料的力电/声电转换性能稳定（在多孔聚合物上表现为薄膜内部的电荷稳定、不容易丢失）；同时，由于取消了电容式的声电变换结构，使零件数目减少，制造工艺简单化，成本低廉。这些特性均使压电驻极体声音传感器具有广泛的应用范围与推广价值。

（3）动圈式声音传感器

如果把一个导体置于磁场中，在声波的推动下使其振动，这时在导体两端便会产生感应电动势，利用这一原理制造的声音传感器称为电动式声音传感器。如果导体是一个线圈，则称为动圈式声音传感器，如果导体为一个金属带箔，则称为带式声音传感器。动圈式声音传感器是一种使用最为广泛的声音传感器。

2．典型器件举例

本单元以MP9767声音传感器（见图1-35）为例，介绍具体特性。

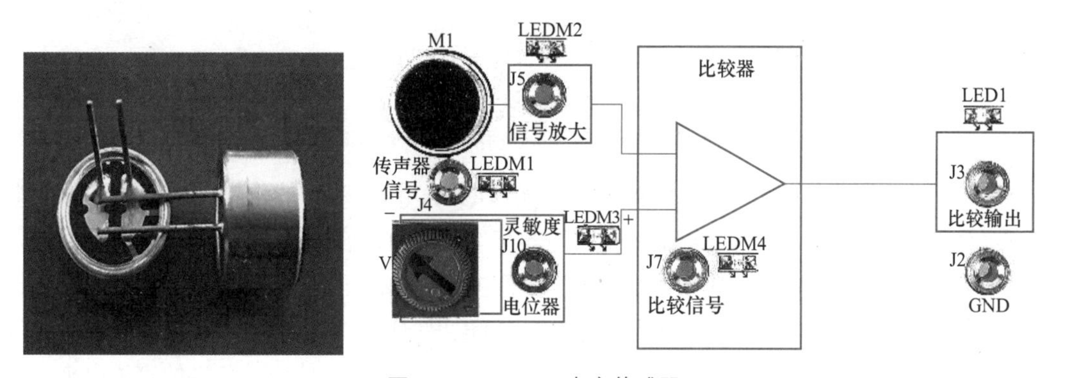

图1-35 MP9767声音传感器

MP9767声音传感器基本特性见表1-7。

表1-7 MP9767声音传感器基本特性

灵敏度	-48～66dB
频响范围	50～20kHz
方向特性	全指向
阻抗特性	低阻抗
电流消耗	最大500mA
标准工作电压	3V
信噪比	大于58dB
灵敏度变化	电压变化1.5V，灵敏度变化小于3dB

典型的声音信号采集电路如图1-36所示。传声器输出电压受环境声音影响，输出相应的音频信号，将该信号进行放大。放大后的音频信号叠加在直流电平上作为LM393中比较器1的反相输入端（引脚2）输入电压。采集电位器（VR_1）调节端的电压作为比较器1同相输入端（引脚3）输入电压。比较器1根据两个电压的情况进行对比，输出端（引脚1）输出相应的电平信号；该电压信号经过VD_6升压，VD_6正端的电压信号作为比较器2反相输入端（引脚6）输入电压，采集R_7的电压信号作为比较器2同相输入端（引脚5）的输入电压，比较器2根据两个电压的情况进行对比，输出端（引脚7）输出相应的电平信号。

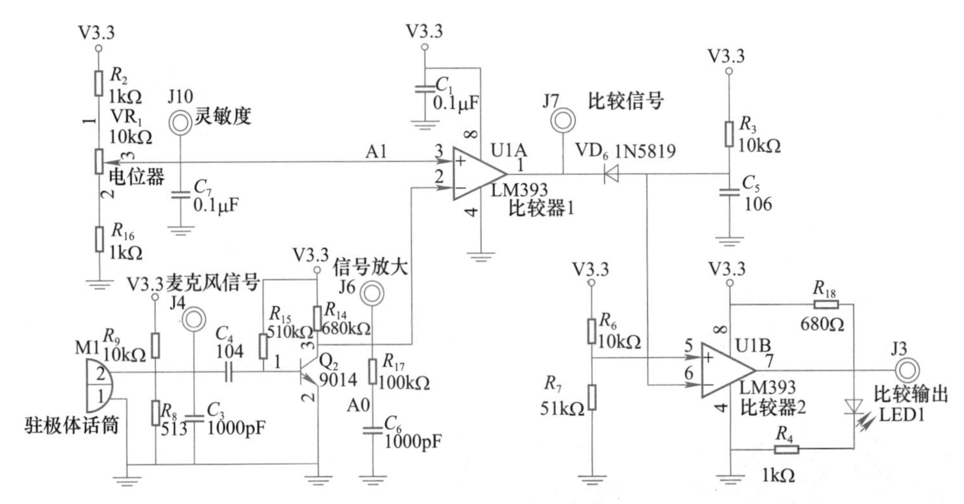

图1-36　声音传感器电路板功能电路图

调节VR_1，即调节比较器1同相输入端的输入电压，设置对应的采集灵敏度，即阈值电压。当环境中没有声音或声音比较低时，传声器基本没有音频信号输出，比较器1的反相输入端电压较低，小于阈值电压，比较器1输出高电平电压；该电压经过VD_6，VD_6正端的电压比比较器2的同相输入端电压高，这时比较器2输出低电平电压。当环境中出现很高声音时，传声器感应并产生相应的音频信号，该音频信号经过放大后叠加在比较器1负端的直流电平上，使得负端电压比正端电压高，比较器1输出低电平电压；该电压经过VD_6后，VD_6正端的电压比比较器2的同相输入端电压低，比较器2输出高电平。类似的，比较器2的输出信号可以送至其他微控制器的输入口进行识别以实现定性分析，或者连接其他模块的输入电路以实现控制功能（如继电器）。

单元总结

本单元以光照度、气体浓度、温湿度、红外、声音等常用传感器为例，讲解了模拟量、数字量、开关量传感数据采集所需的信号处理知识和方法。

UNIT 2

学习单元 2

RS-485总线技术基础

单元概述

本单元主要面向的工作领域是传感网应用开发中的RS-485总线技术基础，主要介绍在工业控制、智能仪表和嵌入式系统等领域常用的总线的基础知识，讲解RS-485标准的电气特性并将其与RS-422、RS-232标准进行对比。本单元还分析了RS-485收发器芯片的工作原理及其典型应用电路，并详细讲解了RS-485的应用层协议—— Modbus通信协议。读者通过实施本单元的案例—— 智能安防系统的搭建，可掌握基于RS-485总线的通信系统的构建与调试方法。

知识目标

- 掌握总线的基础知识；
- 掌握RS-485标准的电气特性及其与RS-422、RS-232标准的区别；
- 掌握RS-485通信的收发器芯片的功能及其典型应用电路；
- 了解Modbus通信协议的基础知识。

技能目标

- 能搭建RS-485总线并能检测是否正确搭建；
- 能使用串口工具进行通信。

2.1 总线概述

在20世纪80年代中后期，随着工业控制、计算机、通信以及模块化集成等技术的发展，出现了现场总线控制系统。按照国际电工委员会IEC 61158标准的定义，现场总线是应用在制造或过程区域现场装置与控制室内自动控制装置之间的数字式、串行、多点通信的数据总线。它也被称为开放式、数字化、多点通信的底层控制网络。以现场总线为技术核心的工业控制系统，称为现场总线控制系统（Fieldbus Control System，FCS）。

在计算机领域，总线最早是指汇集在一起的多种功能的线路。经过深化与延伸之后，总线指的是计算机内部各模块之间或计算机之间的一种通信系统，涉及硬件（器件、线缆、电平）和软件（通信协议）。当总线被引入嵌入式系统领域后，主要用于嵌入式系统的芯片级、板级和设备级的互联。

在总线的发展过程中，有多种分类方式。

一是按照传输速率分类：可分为低速总线和高速总线。

二是按照连接类型分类：可分为系统总线、外设总线和扩展总线。

三是按照传输方式分类：可分为并行总线和串行总线。

本单元主要关注计算机与嵌入式系统领域的高速串行总线技术。

2.2 串行通信的基础知识

2.2.1 串行通信的定义

学习RS-485通信标准就不得不提串行通信，因为RS-485通信隶属于串行通信的范畴。在计算机网络与分布式工业控制系统中，设备之间经常通过各自配备的标准串行通信接口及合适的通信电缆实现数据交换。所谓“串行通信”是指外设和计算机之间，通过数据信号线、地线与控制线等，按位进行传输数据的一种通信方式。

目前常见串行通信接口标准有RS-232、RS-422和RS-485等。另外，SPI（Serial Peripheral Interface，串行外设接口）、I^2C（Inter-Integrated Circuit，内置集成电路）和CAN（Controller Area Network，控制器局域网）通信也属于串行通信。

2.2.2 常见的电平信号及其电气特性

在电子产品开发领域，常见的电平信号有TTL电平、CMOS电平、RS-232电平与USB电平等。由于它们对于逻辑“1”和逻辑“0”的表示标准有所不同，因此在不同器件之间进行通信时，要特别注意电平信号的电气特性。表2-1对常见电平信号的逻辑表示与电气特性进行了归纳。

表2-1 常见电平信号的逻辑表示与电气特性

电平信号名称	输入		输出		说明
	逻辑1	逻辑0	逻辑1	逻辑0	
TTL电平	≥2.0V	≤0.8V	≥2.4V	≤0.4V	噪声容限较低，约0.4V。MCU芯片引脚都是TTL电平
CMOS电平	≥0.7V_{CC}	≤0.3V_{CC}	≥0.8V_{CC}	≤0.1V_{CC}	噪声容限高于TTL电平，V_{CC}为供电电压
	逻辑1		逻辑0		
RS-232电平	-15~-3V		3~15V		PC的COM口为RS-232电平
USB电平	($V_{D+}-V_{D-}$)≥200mV		($V_{D-}-V_{D+}$)≥200mV		采用差分电平，4线制：V_{CC}、GND、D_+和D_-

RS-232电平与TTL电平的逻辑表示对比如图2-1所示。

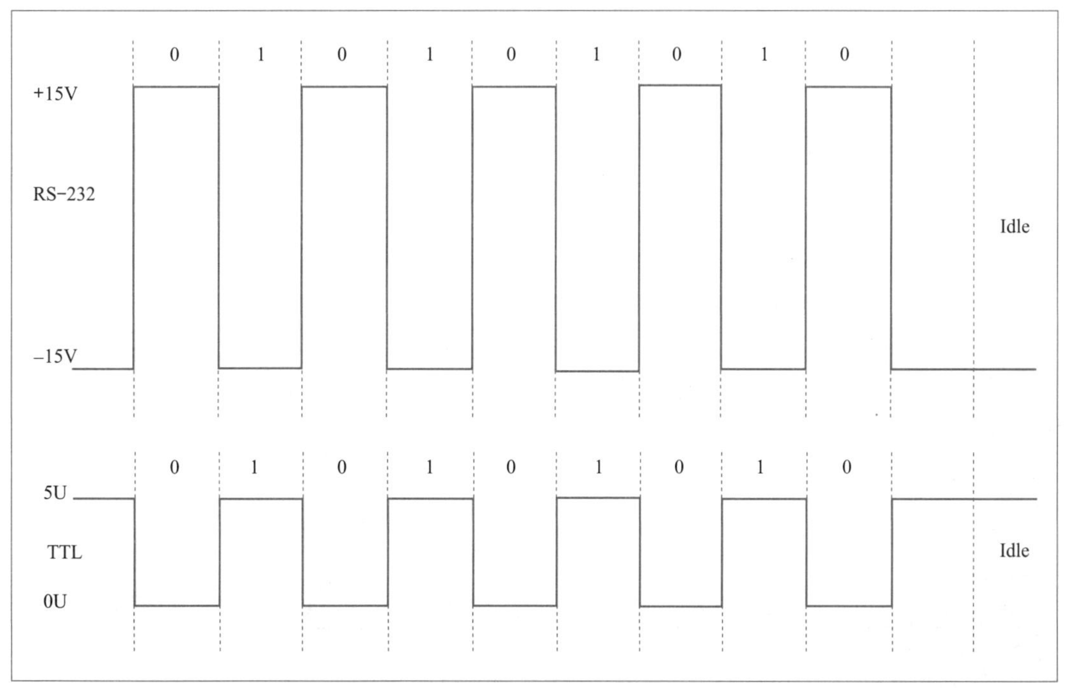

图2-1 RS-232电平与TTL电平的逻辑表示对比图

2.3 RS-485与RS-422/RS-232通信标准

RS-232、RS-422和RS-485标准最初都是由美国电子工业协会（Electronic Industries Association，EIA）制订并发布的。RS-232标准在1962年发布，它的缺点是通信距离短、速率低，而且只能点对点通信，无法组建多机通信系统。另外，在工业控制环境中，基于RS-232标准的通信系统经常会由于外界的电气干扰而导致信号传输错误。以上缺点决定了RS-232标准无法适用于工业控制现场总线。

RS-422标准是在RS-232的基础上发展而来的，它弥补了RS-232标准的一些不足。例如，RS-422标准定义了一种平衡通信接口，改变了RS-232标准的单端通信的方式，总线上使用差分电压进行信号的传输。这种连接方式将传输速率提高到10Mbit/s，并将传输距离延长到4000ft（速率低于100kbit/s时），而且允许在一条平衡总线上最多连接10个接收器。

为了扩展应用范围，EIA又于1983年发布了RS-485标准。RS-485标准与RS-422标准相比，增加了多点、双向的通信能力。

一条RS-485总线能并联多少台设备要看是什么芯片，并和所用电缆的品质相关，节点越多、传输距离越远、电磁环境越恶劣，所选的电缆要求就越高。

支持32个节点数的芯片有：SN75176、SN75276、SN75179、SN75180、MAX485、MAX488、MAX490。

支持64个节点数的芯片有：SN75LBC184。

支持128个节点数的芯片有：MAX487、MAX1487。

支持256个节点数的芯片有：MAX1482、MAX1483、MAX3080～MAX3089。

下面对RS-232、RS-422和RS-485标准的主要电气特性进行比较，比较结果见表2-2。

表2-2　RS-232、RS-422、RS-485标准的主要电气特性比较

标准		RS-232	RS-422	RS-485
工作方式		单端（非平衡）	差分（平衡）	差分（平衡）
节点数		1收1发（点对点）	1发10收	1发32收
最大传输电缆长度		50ft	4000ft	4000ft
最大传输速率		20kbit/s	10Mbit/s	10Mbit/s
连接方式		点对点（全双工）	一点对多点（四线制，全双工）	多点对多点（两线制，半双工）
电气特性	逻辑1	-3～-15V	两线间电压差2～6V	两线间电压差2～6V
	逻辑0	3～15V	两线间电压差-2～-6V	两线间电压差-2～-6V

2.4 RS-485收发器

RS-485收发器（Transceiver）芯片是一种常用的通信接口器件，因此世界上大多数半导体公司都有符合RS-485标准的收发器产品线。例如，Sipex公司的SP307x系列芯片、Maxim公司的MAX485系列、TI公司的SN65HVD485系列、Intersil公司的ISL83485系列等。

接下来以Sipex公司的SP3072EEN芯片为例，讲解RS-485标准的收发器芯片的工作原理与典型应用电路。图2-2展示了RS-485收发器芯片的典型应用电路。

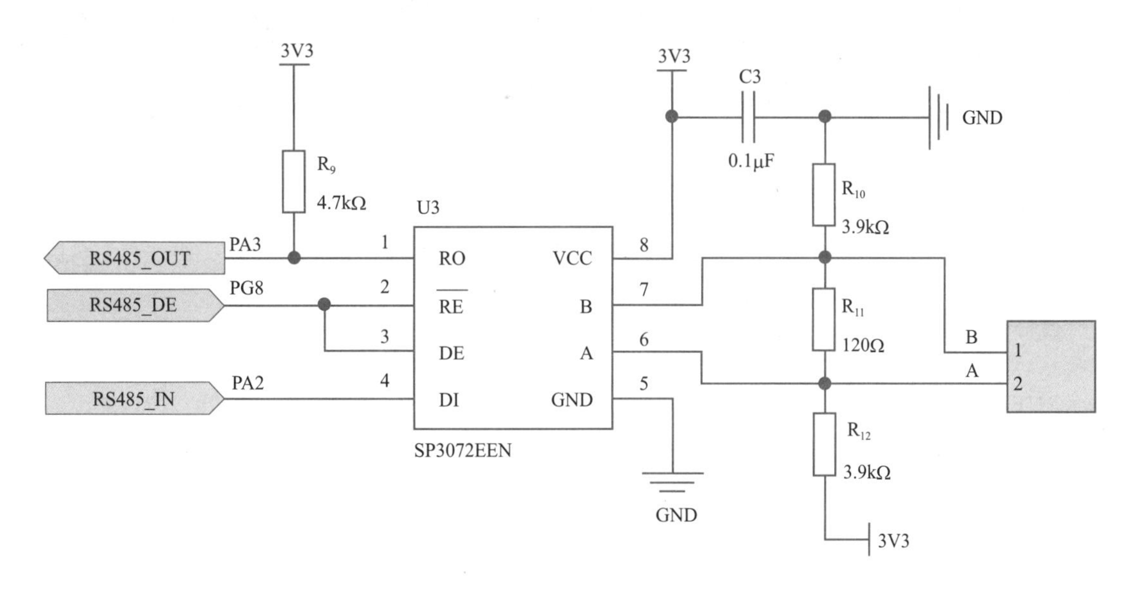

图2-2　RS-485收发器芯片的典型应用电路

在图2-2中，电阻R_{11}为终端匹配电阻，其阻值为120Ω。电阻R10和R_{12}为偏置电阻，它们用于确保在静默状态时RS-485总线维持逻辑1高电平状态。SP3072EEN芯片的封装是SOP-8，RO与DI分别为数据接收与发送引脚，它们用于连接MCU的USART外设。$\overline{\text{RE}}$和DE分别为接收使能和发送使能引脚，它们与MCU的GPIO引脚相连。A、B两端用于连接RS-485总线上的其他设备，所有设备以并联的形式接在总线上。

目前市面上各个半导体公司生产的RS-485收发器芯片的引脚分布情况几乎相同，具体的引脚功能描述见表2-3。

表2-3 RS-485收发器芯片的引脚功能描述

引脚编号	名称	功能描述
1	RO	接收器输出（至MCU）
2	$\overline{RE}$	接收允许（低电平有效）
3	DE	发送允许（高电平有效）
4	DI	发送器输入（来自MCU）
5	GND	接地
6	A	发送器同相输出/接收器同相输入
7	B	发送器反相输出/接收器反相输入
8	VCC	电源电压

2.5 Modbus通信协议

RS-485标准只对接口的电气特性做出相关规定，却并未对接插件、电缆和通信协议等进行标准化，所以用户需要在RS-485总线网络的基础上制订应用层通信协议。一般来说，各应用领域的RS-485通信协议都是指应用层通信协议。

在工业控制领域应用十分广泛的Modbus通信协议就是一种应用层通信协议，当其工作在ASCII或RTU模式时可以选择RS-232或RS-485总线作为基础传输介质。另外，在智能电表领域也有同样的案例，例如，多功能电能表通信规约（DL/T645—1997）也是一种基于RS-485总线的应用层通信协议。本节主要介绍Modbus通信协议。

2.5.1 Modbus概述

1．什么是Modbus通信协议

Modbus通信协议由Modicon（现为施耐德电气公司的一个品牌）在1979年开发，是全球第一个真正用于工业现场的总线协议。为了更好地普及和推动Modbus在以太网上的分布式应用，目前施耐德公司已将Modbus协议的所有权移交给IDA（Interface for Distributed Automation，分布式自动化接口）组织，并专门成立了Modbus-IDA组织。该组织的成立为Modbus未来的发展奠定了基础。

Modbus通信协议是应用于电子控制器上的一种通用协议，目前已成为通用工业标准。通过此协议，控制器之间或者控制器经由网络（例如，以太网）与其他设备之间可以通信。Modbus使不同厂商生产的控制设备可以连成工业网络，进行集中监控。Modbus通信协议定义了一个消息帧结构，并描述了控制器请求访问其他设备的过程，控制器如何响应来自其他设备的请求，以及怎样侦测错误并记录。

在Modbus网络上通信时，每个控制器必须知道它们的设备地址，识别按地址发来的消息，决定要做何种动作。如果需要响应，则控制器将按Modbus消息帧格式生成反馈信息并发出。

2．Modbus通信协议的版本

Modbus通信协议有多个版本：基于串行链路的版本、基于TCP/IP的网络版本以及基于其他互联网协议的网络版本，其中前面两者的实际应用场景较多。

基于串行链路的Modbus通信协议有两种传输模式，分别是Modbus RTU与Modbus ASCII，这两种模式在数值数据表示和协议细节方面略有不同。Modbus RTU是一种紧凑的、采用二进制数据表示的方式，而Modbus ASCII的表示方式更加冗长。在数据校验方面，Modbus RTU采用循环冗余校验方式，而Modbus ASCII采用纵向冗余校验方式。另外，配置为Modbus RTU模式的节点无法与Modbus ASCII模式的节点通信。

2.5.2 Modbus通信的请求与响应

Modbus是一种单主/多从的通信协议，即在同一段时间内总线上只能有一个主设备，但可以有一个或多个（最多247个）从设备。主设备是指发起通信的设备，从设备是接收请求并做出响应的设备。在Modbus网络中，通信总是由主设备发起，而从设备没有收到来自主设备的请求时不会主动发送数据。ModBus通信的请求与响应模型如图2-3所示。

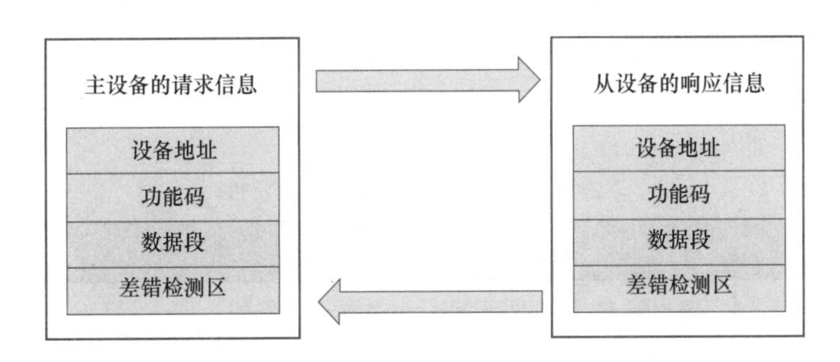

图2-3　Modbus通信的请求与响应模型

主设备发送的请求报文包括从设备地址、功能码、数据段以及差错检测字段。这几个字段的内容与作用如下：

- 设备地址：被选中的从设备地址；
- 功能码：告知被选中的从设备要执行何种功能；
- 数据段：包含从设备要执行功能的附加信息。例如，功能码“03”要求从设备读保持寄存器并响应寄存器的内容，则数据段必须包含要求从设备读取寄存器的起始地址及数量；

- 差错检测区：为从机提供一种数据校验方法，以保证信息内容的完整性。

从设备的响应信息也包含设备地址、功能码、数据段和差错检测区。其中设备地址为本机地址，数据段包含了从设备采集的数据：如寄存器值或状态。正常响应时，响应功能码与请求信息中的功能码相同；发生异常时，功能码将被修改以指出响应消息是错误的。差错检测区允许主设备确认消息内容是否可用。

在Modbus网络中，主设备向从设备发送Modbus请求报文的模式有两种：单播模式与广播模式。

单播模式：主设备寻址单个从设备。主设备向某个从设备发送请求报文，从设备接收并处理完毕后向主设备返回一个响应报文。

广播模式：主设备向Modbus网络中的所有从设备发送请求报文，从设备接收并处理完毕后不要求返回响应报文。广播模式请求报文的设备地址为0，且功能指令为Modbus标准功能码中的写指令。

2.5.3 Modbus寄存器

寄存器是Modbus通信协议的一个重要组成部分，它用于存放数据。

Modbus寄存器最初借鉴于PLC（Programmable Logical Controller，可编程控制器）。后来随着Modbus通信协议的发展，寄存器这个概念也不再局限于具体的物理寄存器，而是逐渐拓展到了内存区域范畴。根据存放的数据类型及其读写特性，Modbus寄存器被分为4种类型，见表2-4。

表2-4 Modbus寄存器的分类与特性

寄存器种类	特性说明	实际应用
线圈状态（Coil）	输出端口（可读可写），相当于PLC的DO（数字量输出）	LED显示、电磁阀输出等
离散输入状态 Discrete Input）	输入端口（只读），相当于PLC的DI（数字量输入）	接近开关、拨码开关等
保持寄存器（Holding Register）	输出参数或保持参数（可读可写），相当于PLC的AO（模拟量输出）	模拟量输出设定值、PID运行参数、传感器报警阈值等
输入寄存器（Input Register）	输入参数（只读），相当于PLC的AI（模拟量输入）	模拟量输入值

Modbus寄存器的地址分配见表2-5。

表2-5 Modbus寄存器地址分配

寄存器种类	寄存器PLC地址	寄存器Modbus协议地址	位/字操作
线圈状态	00001～09999	0000H～FFFFH	位操作
离散输入状态	10001～19999	0000H～FFFFH	位操作
保持寄存器	40001～49999	0000H～FFFFH	字操作
输入寄存器	30001～39999	0000H～FFFFH	字操作

2.5.4 Modbus的串行消息帧格式

在计算机网络通信中，帧（Frame）是数据在网络上传输的一种单位，帧一般由多个部分组合而成，各部分执行不同的功能。Modbus通信协议在不同的物理链路上的消息帧是有差异的，本节主要介绍串行链路上的Modbus消息帧格式，包括ASCII和RTU两种模式的消息帧。

1. ASCII消息帧格式

在ASCII模式中，消息以冒号（“:”，ASCII码为3AH）字符开始，以回车换行符（ASCII码为0DH，0AH）结束。消息帧的其他域可以使用的传输字符是十六进制的0～F。

Modbus网络上的各设备都循环侦测起始位—— 冒号（“:”）字符，当接收到起始位后，各设备都解码地址域并判断消息是否发给自己的。注意：两个消息帧之间的时间间隔最长不能超过1s，否则接收的设备将认为传输错误。一个典型的Modbus ASCII消息帧见表2-6。

表2-6 Modbus ASCII消息帧格式

起始位	地址	功能代码	数据	LRC校验	结束符
1个字符	2个字符	2个字符	*n*个字符	2个字符	2个字符CR，LF

2. RTU消息帧格式

在RTU模式中，消息的发送与接收以至少3.5个字符时间的停顿间隔为标志。

Modbus网络上的各设备都不断地侦测网络总线，计算字符间的间隔时间，判断消息帧的起始点。当侦测到地址域时，各设备都对其进行解码以判断该帧数据是否发给自己的。

另外，一帧报文必须以连续的字符流来传输。如果在帧传输完成之前有超过1.5个字符时间的间隔，则接收设备将认为该报文帧不完整。

一个典型的Modbus RTU消息帧见表2-7。

表2-7　Modbus RTU消息帧格式

起始位	地址	功能代码	数据	CRC校验	结束符
≥3.5字符	8位	8位	*n*个8位	16位	≥3.5个字符

3．消息帧各组成部分的功能

（1）地址域

地址域存放了Modbus通信帧中的从设备地址。Modbus ASCII消息帧的地址域包含两个字符，Modbus RTU消息帧的地址域长度为1个B。

在Modbus网络中，主设备没有地址，每个从设备都具备唯一的地址。从设备的地址范围为0～247，其中地址0作为广播地址，因此从设备实际的地址范围是1～247。

在下行帧中，地址域表明只有符合地址码的从机才能接收由主机发送来的消息。上行帧中的地址域指明了该消息帧发自哪个设备。

（2）功能码域

功能码指明了消息帧的功能，其取值范围为1～255（十进制）。在下行帧中，功能码告诉从设备应执行什么动作。在上行帧中，如果从设备发送的功能码与主设备发送的功能码相同，则表明从设备已响应主设备要求的操作；如果从设备没有响应操作或发送出错，则将返回的消息帧中的功能码最高位（MSB）置1（即：加上0x80）。例如，主设备要求从设备读一组保持寄存器时，消息帧中的功能码为0000 0011（0x03），从设备正确执行请求的动作后，返回相同的值；否则，从设备将返回异常响应信息，其功能码将变为1000 0011（0x83）。

（3）数据域

数据域与功能码紧密相关，存放功能码需要操作的具体数据。数据域以字节为单位，长度是可变的。

（4）差错校验

在基于串行链路的Modbus通信中，ASCII模式与RTU模式使用了不同的差错校验方法。

在ASCII模式的消息帧中，有一个差错校验字段。该字段由两个字符构成，其值是对全部报文内容进行纵向冗余校验（Longitudinal Redundancy Check，LRC）计算得到的，计算对象不包括开始的冒号及回车换行符。

与ASCII模式不同，RTU消息帧的差错校验字段由16bit共两个字节构成，其值是对全部报文内容进行循环冗余校验（Cyclical Redundancy Check，CRC）计算得到，计算对象包括差错校验域之前的所有字节。将差错校验码添加进消息帧时，先添加低字节然后高字节，因此最后一个字节是CRC校验码的高位字节。

2.5.5 Modbus功能码

1. 功能码分类

Modbus功能码是Modbus消息帧的一部分，它代表将要执行的动作。以RTU模式为例，见表2-7，RTU消息帧的Modbus功能码占用一个字节，取值范围为1～127。

Modbus标准规定了3类Modbus功能码：公共功能码、用户自定义功能码和保留功能码。

公共功能码是经过Modbus协会确认的，被明确定义的功能码，具有唯一性。部分常用的公共功能码见表2-8。

表2-8 部分常用的Modbus功能码

代码	功能码名称	位/字操作	操作数量
01	读线圈状态	位操作	单个或多个
02	读离散输入状态	位操作	单个或多个
03	读保持寄存器	字操作	单个或多个
04	读输入寄存器	字操作	单个或多个
05	写单个线圈	位操作	单个
06	写单个保持寄存器	字操作	单个
15	写多个线圈	位操作	多个
16	写多个保持寄存器	字操作	多个

用户自定义的功能码由用户自己定义，无法确保其唯一性，代码范围为65～72和100～110。本节主要讨论RTU模式的公共功能码。

2. 读线圈/离散量输出状态功能码01

该功能码用于读取从设备的线圈或离散量（DO，数字量输出）的输出状态（ON/OFF）。

该功能码的使用案例如下。

（1）请求报文：06 01 00 16 00 21 1C 61（见表2-9）

表2-9 功能码01的请求报文

从设备地址	功能码	起始地址	寄存器个数	CRC校验
06	01	00 16	00 21	1C 61

从表2-9中可以看到，从设备地址为06，需要读取的Modbus起始地址为22（0x16），结束地址为54（0x36），共读取33（0x21）个状态值。

假设地址22～54的线圈寄存器的值见表2-10，则相应的响应报文见表2-11。

表2-10　线圈寄存器的值

地址范围	取值	字节值
22～29	ON-ON-OFF-OFF-OFF-ON-OFF-OFF	0x23
30～37	ON-ON-OFF-ON-OFF-OFF-OFF-ON	0x8B
38～45	OFF-OFF-ON-OFF-OFF-ON-OFF-OFF	0x24
46～53	OFF-OFF-ON-OFF-OFF-OFF-ON-ON	0xC4
54	ON	0x01

在表2-10中，状态“ON”与“OFF”分别代表线圈的“开”与“关”。

（2）响应报文：06　01　05　23　8B　24　C4　01　ED　9C

表2-11　功能码01的响应报文

从设备地址	功能码	数据域字节数	5个数据	CRC校验
06	01	05	23 8B 24 C4 01	ED 9C

3．读离散量输入值功能码02

该功能码用于读取从设备的离散量（DI，数字量输入）的输入状态（ON/OFF）。

该功能码的使用案例如下。

（1）请求报文：04　02　00　77　00　1E　48　4D（见表2-12）

表2-12　功能码02的请求报文

从设备地址	功能码	起始地址	寄存器个数	CRC校验
04	02	00 77	00 1E	48 4D

从表2-12中可以看到，从设备地址为04，需要读取的Modbus的起始地址为119（0x77），结束地址为148（0x94），共读取30（0x1E）个离散输入状态值。

假设地址119～148的线圈寄存器的值见表2-13，则相应的响应报文见表2-14。

表2-13　线圈寄存器的值

地址范围	取值	字节值
119～126	ON-OFF-ON-ON-OFF-ON-OFF-ON	0xAD
127～134	ON-ON-ON-OFF-ON-ON-OFF-ON	0xB7
135～142	ON-OFF-ON-OFF-OFF-OFF-OFF-OFF	0x05
143～148	OFF-OFF-OFF-ON-ON-ON	0x38

（2）响应报文：04 02 04 AD B7 05 38 3C EA

表2-14 功能码02的响应报文

从设备地址	功能码	数据域字节数	4个数据	CRC校验
04	02	04	AD B7 05 38	3C EA

4．读保持寄存器值功能码03

该功能码用于读取从设备保持寄存器的二进制数据，不支持广播，使用案例如下。

（1）请求报文：06 03 00 D2 00 04 E5 87（见表2-15）

表2-15 功能码03的请求报文

从设备地址	功能码	起始地址	寄存器个数	CRC校验
06	03	00 D2	00 04	E5 87

从表2-15中可以看到，从设备地址为06，需要读取Modbus地址210（0xD2）~213（D5）共4个保持寄存器的内容。相应的响应报文见表2-16。

（2）响应报文：06 03 08 02 6E 01 F3 01 06 59 AB 1E 6A

表2-16 功能码03的响应报文

从设备地址	功能码	数据域字节数	4个数据	CRC校验
06	03	08	02 6E 01 F3 01 06 59 AB	1E 6A

注意：Modbus的保持寄存器和输入寄存器是以字为基本单位，即：每个寄存器分别对应两个字节。请求报文连续读取4个寄存器的内容，将返回8个字节。

5．读输入寄存器值功能码04

该功能码用于读取从设备输入寄存器的二进制数据，不支持广播，使用案例如下：

（1）请求报文：06 04 01 90 00 05 30 6F（见表2-17）

表2-17 功能码04的请求报文

从设备地址	功能码	起始地址	寄存器个数	CRC校验
06	04	01 90	00 05	30 6F

从表2-17中可以看到，从设备地址为06，需要读取Modbus地址400（0x0190）~404（0x0194）共5个寄存器的内容。相应的响应报文见表2-18。

（2）响应报文：06 04 0A 1C E2 13 5A 35 DB 23 3F 56 E3 54 3F

表2-18　功能码04的响应报文

从设备地址	功能码	数据域字节数	5个数据	CRC校验
06	04	0A	1C E2 13 5A 35 DB 23 3F 56 E3	54 3F

6．写单个线圈或单个离散输出功能码05

该功能码用于将单个线圈或单个离散输出状态设置为“ON”或“OFF”。0xFF00对应状态“ON”，0x0000表示状态“OFF”，其他值对线圈无效。使用案例如下。

（1）请求报文：04 05 00 98 FF 00 0D 80（见表2-19）

例如，从设备地址为4，设置Modbus地址152（0x98）为ON状态。

表2-19　功能码05的请求报文

从设备地址	功能码	起始地址	变更数据	CRC校验
04	05	00 98	FF 00	0D 80

（2）响应报文：04　05　00　98　FF　00　0D　80

响应报文见表2-20。

表2-20　功能码05的响应报文

从设备地址	功能码	起始地址	变更数据	CRC校验
04	05	00 98	FF 00	0D 80

7．写单个保持寄存器功能码06

该功能码用于更新从设备单个保持寄存器的值，使用案例如下。

（1）请求报文：03 06 00 82 02 AB 68 DF（见表2-21）

表2-21　功能码06的请求报文

从设备地址	功能码	起始地址	变更数据	CRC校验
03	06	00 82	02 AB	68 DF

从表2-21中可以看到，从设备地址为03，要求设置从设备Modbus地址130（0x82）的内容为683（0x02AB）。相应的响应报文见表2-22。

（2）响应报文：03　06　00　82　02　AB　68　DF

表2-22　功能码06的响应报文

从设备地址	功能码	起始地址	寄存器数	CRC校验
03	06	00 82	02 AB	68 DF

8．写多个线圈功能码15（0x0F）

该功能码用于将连续的多个线圈或离散输出设置为“ON”或“OFF”，支持广播模式。其使用案例如下。

（1）请求报文：03 0F 00 14 00 0F 02 C2 03 EE E1（见表2-23）

表2-23　功能码15的请求报文

从设备地址	功能码	起始地址	寄存器数	字节数	变更数据	CRC校验
03	0F	00 14	00 0F	02	C2 03	EE E1

从表2-23中可以看到，从设备地址为03，Modbus协议起始地址为20（0x14），需要将地址20～34共15个线圈寄存器的状态设定为表2-24中的值。

表2-24　线圈寄存器的值

地址范围	取值	字节值
20～27	OFF-ON-OFF-OFF-OFF-OFF-ON-ON	0xC2
28～34	ON-ON-OFF-OFF-OFF-OFF-OFF	0x03

（2）响应报文：03 0F 00 14 00 0F 54 29（见表2-25）

响应报文的内容见表2-25。

表2-25　功能码15的响应报文

从设备地址	功能码	起始地址	寄存器数	CRC校验
03	0F	00 14	00 0F	54 29

9．写多个保持寄存器功能码16（0x10）

该功能码用于设置或写入从设备保持寄存器的多个连续的地址块，支持广播模式。数据字段保存需写入的数据，每个寄存器可存放两个字节。使用案例如下。

（1）请求报文：05 10 00 15 00 03 06 53 6B 05 F3 2A 08 3E 72（见表2-26）

表2-26　功能码16的请求报文

从设备地址	功能码	起始地址	寄存器数	字节数	变更数据	CRC校验
05	10	00 15	00 03	06	53 6B 05 F3 2A 08	3E 72

从表2-26可以看到，从设备地址为05，Modbus协议起始地址为21（0x15），需要改变地址21～23共3个寄存器（6B数据）的内容，需要变更的数据为“53 6B 05 F3 2A 08”。相应的响应报文见表2-27。

（2）响应报文：05 10 00 15 00 03 90 48

表2-27　功能码16的响应报文

从设备地址	功能码	起始地址	寄存器数	CRC校验
05	10	00 15	00 03	90 48

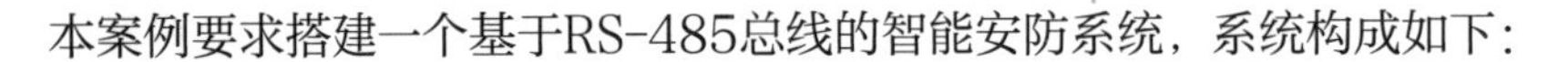

2.6 应用案例：智能安防系统构建

2.6.1 任务1　案例分析

1．系统构成

本案例要求搭建一个基于RS-485总线的智能安防系统，系统构成如下：

- PC一台（作为上位机）；
- 网关一个；
- RS-485通信节点三个（一个作为主机、两个作为从机）；
- 火焰传感器一个（安装在从机1上）；
- 可燃气体传感器一个（安装在从机2上）；
- USB转485调试器一个（需要调试RS-485网络数据时选用）。

智能安防系统拓扑图如图2-4所示。整个系统由两个RS-485网络构成，RS-485网络1含一个主机节点，两个从机节点、使用Modbus通信协议作为应用层协议。主机节点与网关之间的连接基于RS-485网络2，网关通过以太网连接到云平台。

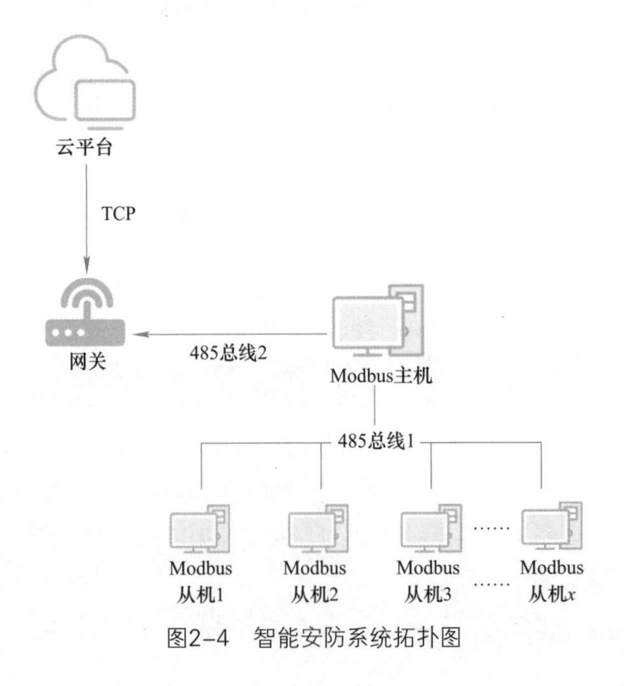

图2-4　智能安防系统拓扑图

2．系统数据通信协议分析

（1）RS-485网络1的数据帧

在RS-485网络1中，从机节点可连接三种类型的传感器：开关量、模拟量和数字量。另外，需要对从机节点的地址与传感器类型编号进行配置，它们的数据类型为数字量。

根据2.5.5节Modbus功能码的相关基础知识，我们可规划本系统的功能码、寄存器地址与传感器的对应关系，见表2-28。

传感器类型代号定义见表2-29。

传感器类型在本地485组网系统中，定义为三类：模拟量、数字量、开关量。获取功能码分别为0x04、0x03、0x02。其中人体红外、红外、声音传感器为开关量，温湿度、心率传感器为数字量（温湿度传感器在本书中仅从其数据输出类型将其归类为数字量），光照、空气质量、火焰传感器、可燃气体传感器为模拟量，见表2-28。

表2-28　功能码、寄存器地址与传感器的对应关系表

功能码	寄存器地址	传感器（数据）类型	传感器（数据）名称
0x02 读离散输入状态	0x0000	开关量	人体红外传感器
	0x0001		声音传感器
	0x0002		红外传感器
0x03 读保持寄存器	0x0000	数字量	温湿度传感器
	0x0001		本节点地址
	0x0002		节点连接的传感器类型
0x04 读输入寄存器	0x0000	模拟量	光敏传感器
	0x0001		空气质量传感器
	0x0002		火焰传感器
	0x0003		可燃气体传感器
0x06 写单个保持寄存器	0x0001	数字量	配置（写）节点地址
	0x0002		配置（写）传感器类型

表2-29　传感器类型代号定义

传感器类型	温湿度	人体检测	火焰	可燃气体	空气质量	光敏	声音传感器	红外传感器	心率传感器
代号	1	2	3	4	5	6	7	8	9

本案例的RS-485通信采用Modbus RTU模式。接下来对几种常用的主机请求与从机响应的通信帧进行介绍。

① 温湿度数据采集（数字量，功能码0x03）。

如果主机需要读取从机1的温湿度数据，主机发送请求帧，见表2-30。

表2-30　读取温湿度数据请求帧格式

地址1个字节	功能码1个字节	寄存器地址2个字节	寄存器数量2个字节	CRC校验2个字节
0x01	0x03	0x0000	0x0001	0x840A

从机1收到Modbus通信帧后，假设温度值为25℃，湿度值为25%，则响应帧见表2-31。

表2-31　读取温湿度从机响应帧格式

地址1个字节	功能码1个字节	返回字节数1个字节	寄存器值2个字节	CRC校验2个字节
0x01	0x03	0x02	0x1919	0x721E

② 可燃气体传感器数据采集（模拟量，功能码0x04）。

如果主机需要读取从机1的可燃气体传感器数据，主机发送请求帧，见表2-32。

表2-32　读取可燃气体数据请求帧格式

地址1个字节	功能码1个字节	寄存器地址2个字节	寄存器数量2个字节	CRC校验2个字节
0x01	0x04	0x0003	0x0001	0xC1CA

从机1收到Modbus通信帧后，响应帧见表2-33，返回ADC的值为300（0x012C）。

表2-33　读取可燃气体数据从机响应帧格式

地址1个字节	功能码1个字节	返回字节数1个字节	寄存器值2个字节	CRC校验2个字节
0x01	0x04	0x02	0x012C	0xB97D

③ 火焰传感器数据采集（模拟量，功能码0x04）。

如果主机需要读取从机1的火焰传感器数据，主机发送请求帧见表2-34。

表2-34　读取火焰传感器数据请求帧格式

地址1个字节	功能码1个字节	寄存器地址2个字节	寄存器数量2个字节	CRC校验2个字节
0x01	0x04	0x0002	0x0001	0x900A

从机1收到Modbus通信帧后，响应帧见表2-35，返回ADC的值为200（0x00C8）。

表2-35　读取火焰传感器数据从机响应帧格式

地址1个字节	功能码1个字节	返回字节数1个字节	寄存器值2个字节	CRC校验2个字节
0x01	0x04	0x02	0x00C8	0xB8A6

④ 声音传感器数据采集（开关量，功能码0x02）。

如果主机需要采集从设备1的声音传感器数据，主机发送请求帧，见表2-36。

表2-36　读取声音传感器数据请求帧格式

地址1个字节	功能码1个字节	寄存器地址2个字节	寄存器数量2个字节	CRC校验2个字节
0x01	0x02	0x0001	0x0001	0xE80A

从机1收到Modbus通信帧后，响应帧见表2-37，返回值为1。

表2-37　读取声音传感器数据从机响应帧格式

地址1个字节	功能码1个字节	返回字节数1个字节	寄存器值2个字节	CRC校验2个字节
0x01	0x02	0x01	0x0001	0x8878

⑤ 配置从机传感器类型（数字量，功能码0x06）。

如果主机需要配置从机1的传感器类型为可燃气体传感器，主机发送请求帧，见表2-38。

表2-38　配置传感器类型请求帧指令

地址1个字节	功能码1个字节	寄存器地址2个字节	寄存器值2个字节	CRC校验2个字节
0x01	0x06	0x0002	0x0004	0x29C9

从机1收到Modbus通信帧后，修改本机的传感器类型，发送响应帧，见表2-39。

表2-39　配置传感器类型从机响应帧格式

地址1个字节	功能码1个字节	寄存器地址2个字节	寄存器值2个字节	CRC校验2个字节
0x01	0x06	0x0002	0x0004	0x29C9

⑥ 配置从机节点地址（数字量，功能码0x06）。

如果主机需要将从机的节点地址由“0x01（一号节点）”配置为“0x02（二号节点）”，主机发送请求帧，见表2-40。

表2-40　配置从机节点地址请求帧指令

地址1个字节	功能码1个字节	寄存器地址2个字节	寄存器值2个字节	CRC校验2个字节
0x01	0x06	0x0001	0x0002	0x59CB

从机1收到Modbus通信帧后，修改本机的传感器类型，发送响应帧，见表2-41。

表2-41 配置传感器类型从机响应帧格式

地址1个字节	功能码1个字节	寄存器地址2个字节	寄存器值2个字节	CRC校验2个字节
0x01	0x06	0x0001	0x0002	0x59CB

（2）通过RS-485网络上传到网关的数据帧

RS-485网络1的主机需要将采集到的传感器数据通过网关节点上报至云平台。根据本案例的需求，制订表2-42的数据帧格式。RS-485网络2数据通信的应用层没有采用Modbus通信协议，而是使用了自定义的通信协议。

表2-42 通过RS-485网络上传到网关的数据帧格式

组成部分（缩写）	帧起始符（START）	地址域（ADDR）	命令码域（CMD）	数据长度域（LEN）	传感器类型（TYPE）	数据域（DATA）	校验码域（CS）
长度/B	1	2	1	1	1	2	1
内容	固定为0xDD	DstAddr	见本表格说明	Length	见本表格说明	Data	CheckSum
举例	0xDD	0x0002	0x02	0x09	0x01	0x18 0x40	0x43

对表2-42各字段说明如下：

- 帧起始符：固定为0xDD；
- 地址域：为发送节点的地址；
- 命令码域：0x01代表上报CAN网络的数据，0x02代表上报RS-485网络的数据；
- 数据长度域：固定为0x09，即：9B；
- 传感器类型：1为温湿度传感器，2为人体红外传感器，3为火焰传感器，4为可燃气体传感器，5为空气质量传感器，6为光敏传感器，7为声音传感器，8为红外传感器，9为心率传感器，10为其他；
- 数据域：占两个字节，高8位和低8位。例如，对应温湿度传感器，高8位为温度值，低8位为湿度值，则温度24℃对应0x18，湿度64%对应0x40；
- 校验码域：采用和校验方式，计算从“帧起始符”到“数据域”之间所有数据的累加和，并将该累加和与0xFF按位与而保留低8位，将此值作为CS的值。

3．系统工作流程分析

系统的工作流程如下：

1）RS-485网络1的主机每隔0.5s发送一次查询从机传感器数据的Modbus通信帧；

2）RS-485网络1中的从机收到通信帧后，解析其内容，判断是否是发给自己的，然后根据功能码要求采集相应的传感器数据至主机。

3）主机收到从机的传感器数据后，通过RS-485网络2上报至网关。

4）网关通过TCP/IP将传感器数据上传至云平台。

2.6.2　任务2　系统搭建

1．硬件接线

智能安防系统需要使用一个RS-485主机节点和两个RS-485从机节点。把主机与从机节点的485A端子连接在一起、485B端子连接在一起。

两个RS-485从机节点分别连接可燃气体传感器与火焰传感器。另外，网关WAN口通过网线接外网，LAN口通过网线连接PC，PC需开启DHCP或与网关处于同一网段。

硬件接线如图2-5所示。

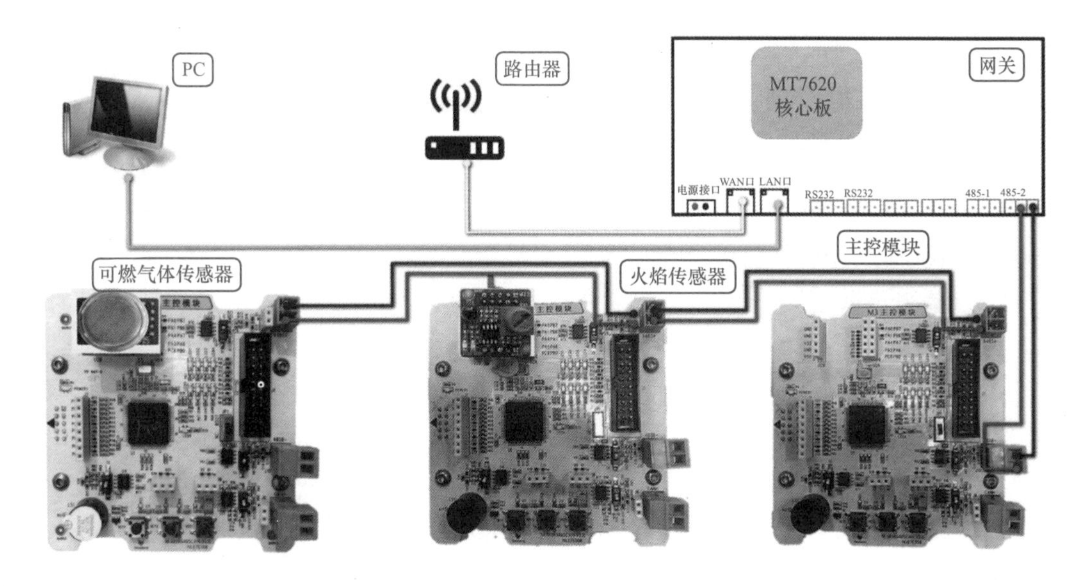

图2-5　智能安防系统硬件连线图

2．节点固件下载

选取两个“M3主控模块”，下载“从机节点”固件，路径“..\RS-485总线技术基础\从机节点固件”。选取一个“M3主控模块”，下载“主机节点”固件，路径“..\RS-485总线技术基础\主机节点固件”。

（1）主控模块板设置

将M3主控模块板的JP1拨码开关拨向“BOOT”模式，如图2-6所示。

图2-6　M3主控模块板烧写设置

（2）配置串行通信与Flash参数

在配套资源包中选择路径“…\01工具驱动\01通用工具”下的“Flash Loader Demonstrator”压缩包，进行解压并安装。

打开该工具后，需要配置串行通信口及其通信波特率，如图2-7a所示。软件读到硬件设备后，选择MCU型号为“STM32F1_High-density_512K”，单击“Next”按钮，如图2-7b所示。

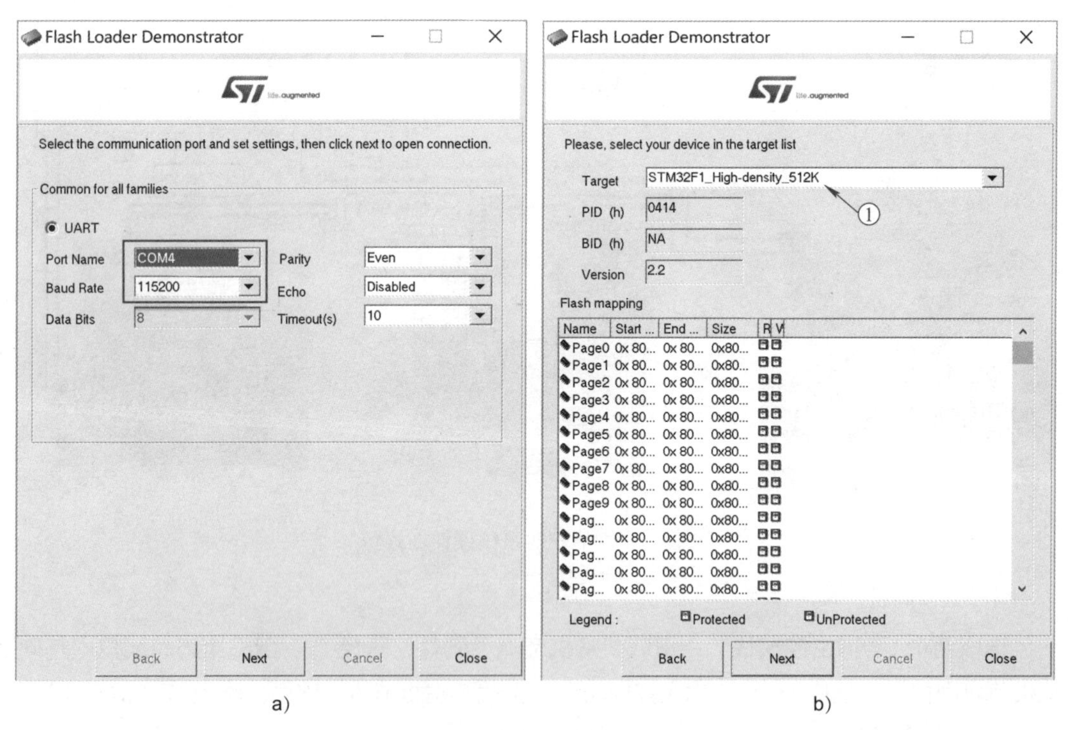

a)　　　　　　　　b)

图2-7　配置串行通信与Flash参数

（3）选择需要下载的固件

配置好串行通信与Flash参数之后，还应对需要下载的固件文件进行选择，如图2-8所示。

单击图2-8中标号③处的按钮，选取需要下载的固件文件（扩展名为.hex），然后单击“next”按钮即可开始下载。

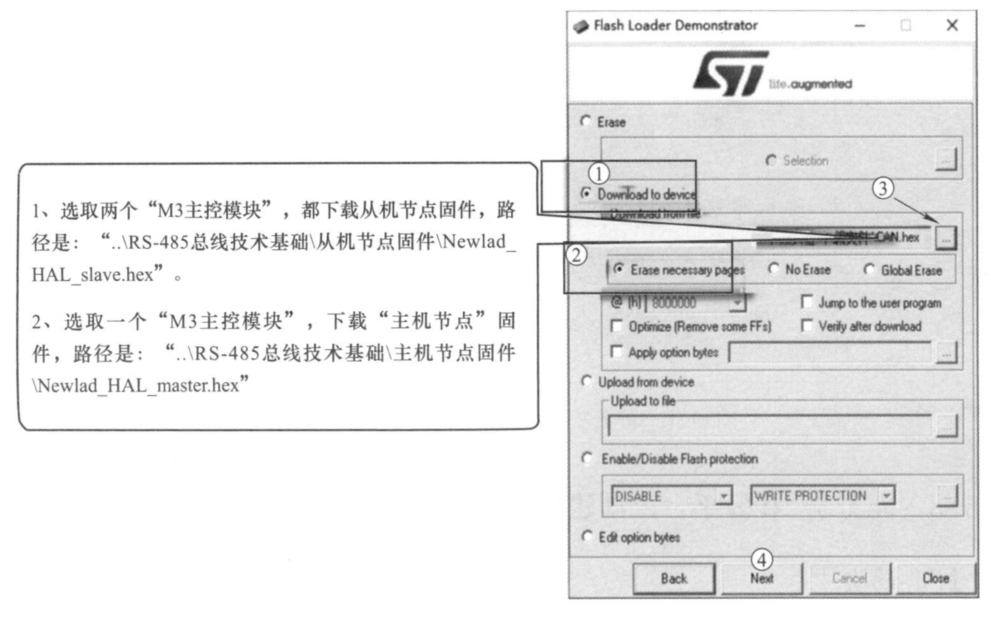

图2-8　选取合适的固件文件

烧写完成后，拨到NC状态，按一下复位键。

按照上述步骤，分别下载另外两个节点的固件。

3．节点配置

使用“M3主控模块配置工具”（路径为“.../01工具驱动\06 M3主控模块配置工具”）进行RS-485节点的配置注意要先勾选“485协议”，再打开连接。需要配置的内容有两个，一是节点地址，二是传感器类型。

从机节点1的地址配置为“0x01”，连接传感器类型配置为“火焰传感器”，如图2-9所示。

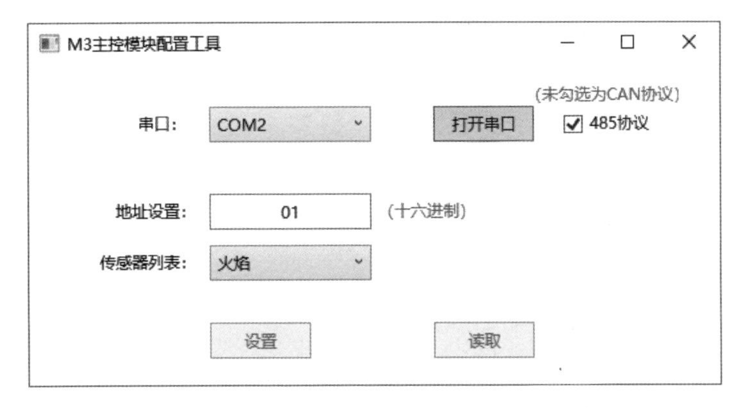

图2-9　配置RS-485节点1的地址和传感器类型

从机节点2的地址配置为“0x02”，连接传感器类型配置为“可燃气体传感器”，如图2-10所示。

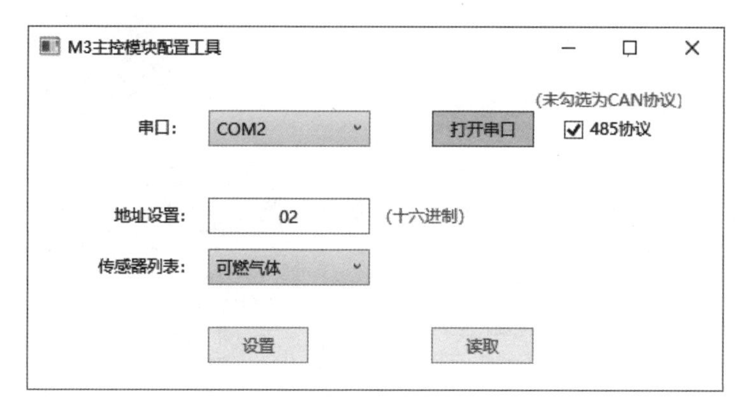

图2-10　配置RS-485节点2的地址和传感器类型

2.6.3　任务3　在云平台上创建项目

1．新建项目

登录云平台http://www.nlecloud.com，单击“开发者中心”→“开发设置”，确认APIKey有没有过期，如果已过期则重新生成APIKey，如图2-11所示。

图2-11　生成APIKey

先单击“开发者中心”按钮（图2-12标号①处），然后单击“新增项目”（图2-12标号②处）。

在弹出的“添加项目”对话框中，可对“项目名称”“行业类别”以及“联网方案”等信息进行填充（图2-12中的标号③处）。

在本案例中，设置“项目名称”为“智能安防系统”，“行业类别”选择“工业物联”，“联网方案”选择“以太网”。

图2-12　云平台新建项目

2．添加设备

项目新建完毕后，可为其添加设备，如图2-13所示。

图2-13　云平台添加设备

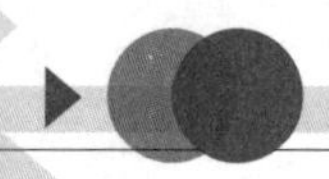

从图2-13中可以看到，需要对“设备名称”（标号①处）、“通讯协议”（标号②处）和“设备标识”（标号③处，可以随便输入，只要不重复即可）进行设置。

单击“确定添加设备”按钮，添加设备完成后如图2-14所示。

图2-14　添加设备完成效果

将图2-14中标号②处的“设备标识”和标号③处的“传输密钥”记下，网关配置时需要用到这些信息。

3．配置网关接入云平台

将网关的LAN口与PC通过网线相连，WAN口与外网相连。

确认网关与PC处于同一网段后，打开PC上的浏览器，在地址栏中输入“192.168.14.200:8400”（以从网关获取的实际IP地址为准，这里仅供参考）进入配置界面。

单击图2-15中的“云平台接入”，将出现图2-15所示的网关配置界面。在此界面的标号①～⑥处填写好对应的内容，单击标号⑦处的“设置”按钮即可完成网关的配置。

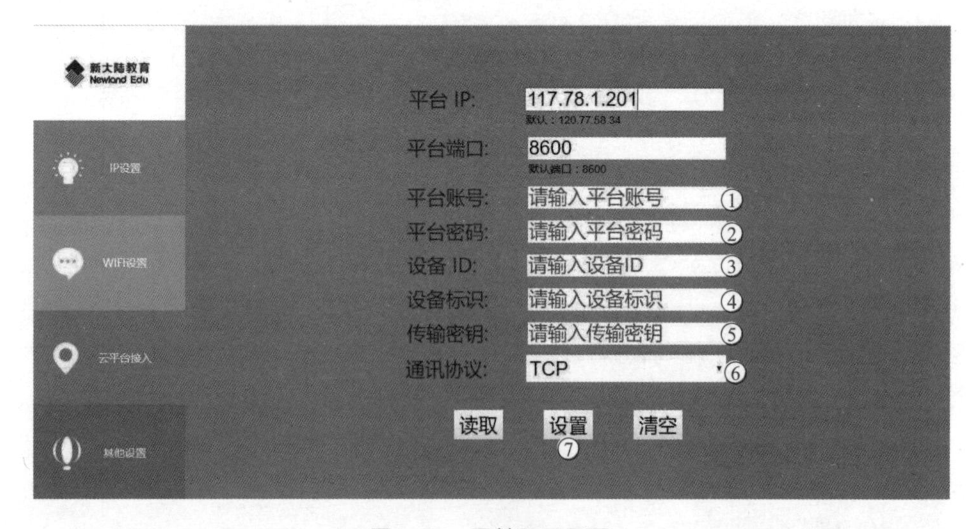

图2-15　网关配置界面

物联网网关配置参数填写完毕，单击⑦处的“设置”按钮，物联网网关配置完成后系统自动重启，20s左右，网关系统初始化完毕。刷新网页，可以看到网关上线了，并且自动识别到了Modbus总线上接的传感器设备，如图2-16所示。

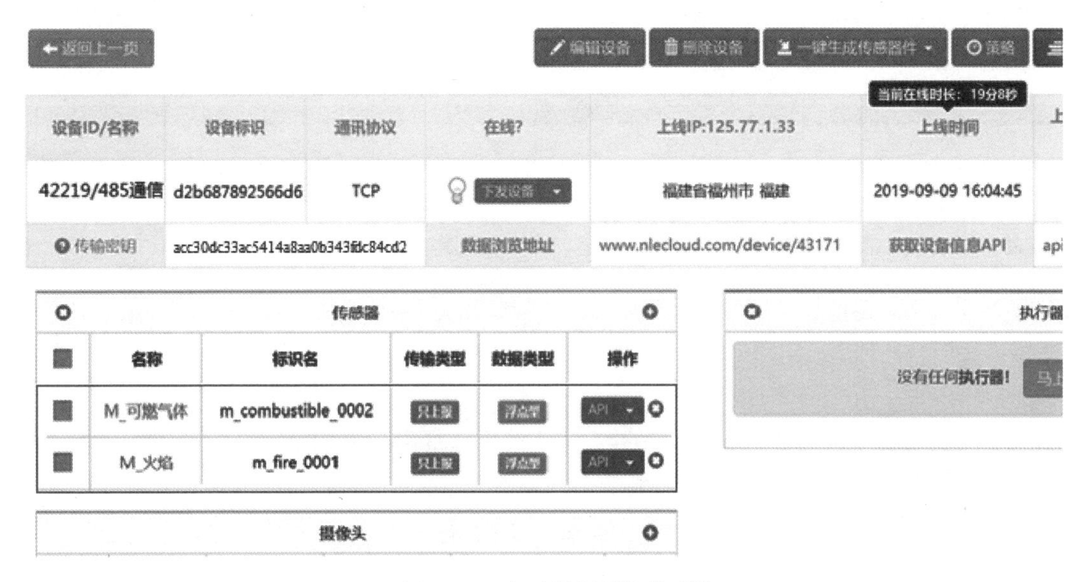

图2-16　自动识别到的传感器

4．系统运行情况分析

用户可查看实时上报的数据，如图2-17所示，单击①处打开实时数据显示开关，可以看到实时数据显示在②处，并且每隔5s刷新一次。

图2-17　实时数据显示的效果

用户也可以查看历史数据，如图2-18所示。

记录ID	记录时间	传感ID	传感名称	传感标识名	传感值/单位	设备标识
855499469	2019-09-10 09:33:44	138821	M_可燃气体	m_combustible_0002	0.44	M0000002
855499399	2019-09-10 09:33:43	138822	M_火焰	m_fire_0001	2.83	M0000002
855499372	2019-09-10 09:33:42	138821	M_可燃气体	m_combustible_0002	0.44	M0000002
855499327	2019-09-10 09:33:41	138822	M_火焰	m_fire_0001	2.82	M0000002
855499190	2019-09-10 09:33:40	138821	M_可燃气体	m_combustible_0002	0.44	M0000002
855499188	2019-09-10 09:33:39	138822	M_火焰	m_fire_0001	2.83	M0000002
855499158	2019-09-10 09:33:38	138821	M_可燃气体	m_combustible_0002	0.44	M0000002
855499140	2019-09-10 09:33:37	138822	M_火焰	m_fire_0001	2.83	M0000002

图2-18　查看历史数据

单元总结

本单元介绍了串行通信与RS-485标准的基础知识，详细讲解了Modbus通信协议的内容，最后以智能安防系统为载体，向读者展示了RS-485网络与Modbus通信协议在实际中的应用。

通过对本单元的学习，读者可掌握RS-485网络的搭建方法、Modbus通信主机与从机的配置过程以及在云平台上创建项目的步骤。另外，通过实施智能安防系统的构建案例，读者可进一步提升其软硬件联调的能力。

UNIT 3

CAN总线技术基础

单元概述

本单元主要面向的工作领域是传感网应用开发中的CAN总线技术基础，介绍了CAN总线相关的基础知识，其中包括CAN总线概述、CAN技术规范与标准、CAN总线的报文信号电平、CAN总线的网络拓扑与节点硬件构成、CAN总线的传输介质等。同时，本单元还对CAN控制器与CAN收发器进行了简要介绍，并给出了CAN收发器的典型应用电路。读者通过实施本单元的案例—— 生产线环境监测系统的搭建，可掌握基于CAN总线的通信系统的构建与调试方法。

知识目标

- 掌握CAN总线相关的基础知识；
- 理解CAN控制器与CAN收发器芯片的接口方式与典型应用电路；
- 掌握CAN总线通信系统的接线方式。

技能目标

- 能搭建基于CAN总线的通信系统；
- 会独立使用CAN总线调试工具实现上位机与CAN通信系统之间的通信。

3.1 CAN总线基础知识

3.1.1 CAN总线概述

CAN（Controller Area Network，控制器局域网）由德国Bosch公司于1983年开发出来，最早被应用于汽车内部控制系统的监测与执行机构间的数据通信，目前是国际上应用最广泛的现场总线之一。

近年来，由于CAN总线具备高可靠性、高性能、功能完善和成本较低等优势，其应用领域已从最初的汽车工业慢慢渗透进航空工业、安防监控、楼宇自动化、工业控制、工程机械、医疗器械等领域。例如，酒店客房管理系统集成了门禁、照明、通风、加热和各种报警安全监测等设备，这些设备通过CAN总线连接在一起，形成各种执行器和传感器的联动，这样的系统架构为用户提供了实时监测各单元运行状态的可能性。

CAN总线具有以下主要特性：

- 数据传输距离远（最远10km）；
- 数据传输速率高（最高数据传输速率1Mbit/s）；
- 具备优秀的仲裁机制；
- 使用筛选器实现多地址的数据帧传递；
- 借助遥控帧实现远程数据请求；
- 具备错误检测与处理功能；
- 具备数据自动重发功能；
- 故障节点可自动脱离总线且不影响总线上其他节点的正常工作。

3.1.2 CAN技术规范与标准

1991年9月，Philips半导体公司制定并发布了CAN技术规范V2.0版本。这个版本的CAN技术规范包括A和B两部分，其中2.0A版本技术规范只定义了CAN报文的标准格式，而2.0B版本同时定义了CAN报文的标准与扩展两种格式。1993年11月，ISO正式颁布了CAN国际标准ISO 11898与ISO 11519。ISO 11898标准的CAN通信数据传输速率为125kbit/s～1Mbit/s，适合高速通信应用场景；而ISO 11519标准的CAN通信数据传输速率为125kbit/s以下，适合低速通信应用场景。

CAN技术规范主要对OSI（Open System Interconnection，开放式系统互联）基本参照模型中的物理层（部分）、数据链路层和传输层（部分）进行了定义。ISO 11898与ISO

11519标准则对数据链路层及物理层的一部分进行了标准化，如图3-1所示。

ISO组织并未对CAN技术规范的网络层、会话层、表示层和应用层等部分进行标准化，而美国汽车工程师学会（Society of Automotive Engineers，SAE）等其他组织、团体和企业则针对不同的应用领域对CAN技术规范进行了标准化。这些标准对ISO标准未涉及的部分进行了定义，它们属于CAN应用层协议。常见的CAN标准及其详情见表3-1。

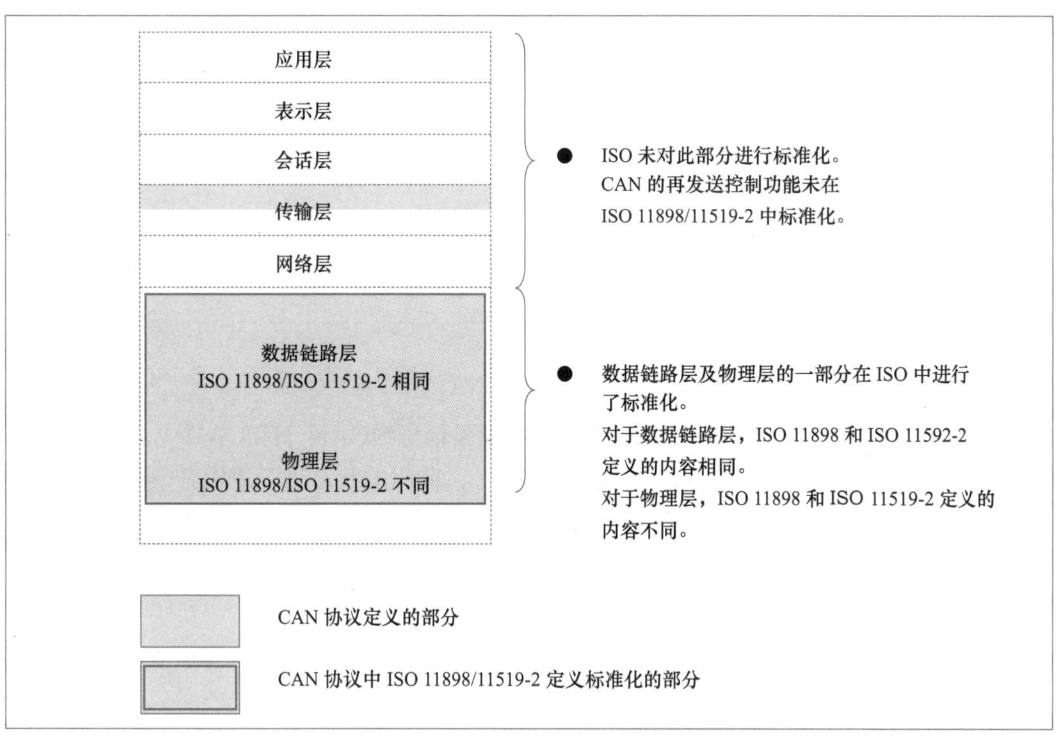

图3-1 OSI基本参照模型与CAN标准

表3-1 常见的CAN标准

序号	标准名称	制定组织	波特率/（bit/s）	物理层线缆规格	适用领域
1	SAE J1939-11	SAE	250k	双线式、屏蔽双绞线	卡车、大客车
2	SAE J1939-12	SAE	250k	双线式、屏蔽双绞线	农用机械
3	SAE J2284	SAE	500k	双线式、双绞线（非屏蔽）	汽车（高速：动力、传动系统）
4	SAE J24111	SAE	33.3k、83.3k	单线式	汽车（低速：车身系统）
5	NMEA-2000	NEMA	62.5k、125k、250k、500k、1M	双线式、屏蔽双绞线	船舶
6	DeviceNet	ODVA	125k、250k、500k	双线式、屏蔽双绞线	工业设备
7	CANopen	CiA	10k、20k、50k、125k、250k、500k、800k、1M	双线式、双绞线	工业设备
8	SDS	Honeywell	125k、250k、500k、1M	双线式、屏蔽双绞线	工业设备

3.1.3　CAN总线的报文信号电平

总线上传输的信息被称为报文，总线规范不同，其报文信号电平标准也不同。ISO 11898和ISO 11519标准在物理层的定义有所不同，两者的信号电平标准也不尽相同。CAN总线上的报文信号使用差分电压传送。图3-2展示了ISO 11898标准的CAN总线信号电平标准。

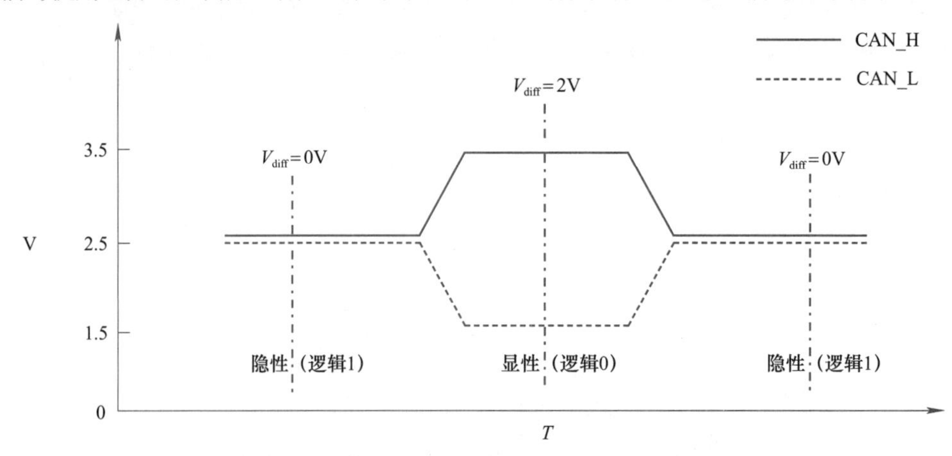

图3-2　ISO11898标准的CAN总线信号电平标准

图3-2中的实线与虚线分别表示CAN总线的两条信号线CAN_H和CAN_L。静态时两条信号线上电平电压均为2.5V左右（电位差为0V），此时的状态表示逻辑1（或称“隐性电平”状态）。当CAN_H上的电压值为3.5V且CAN_L上的电压值为1.5V时，两线的电位差为2V，此时的状态表示逻辑0（或称“显性电平”状态）。

3.1.4　CAN总线的网络拓扑与节点硬件构成

CAN总线的网络拓扑结构如图3-3所示。

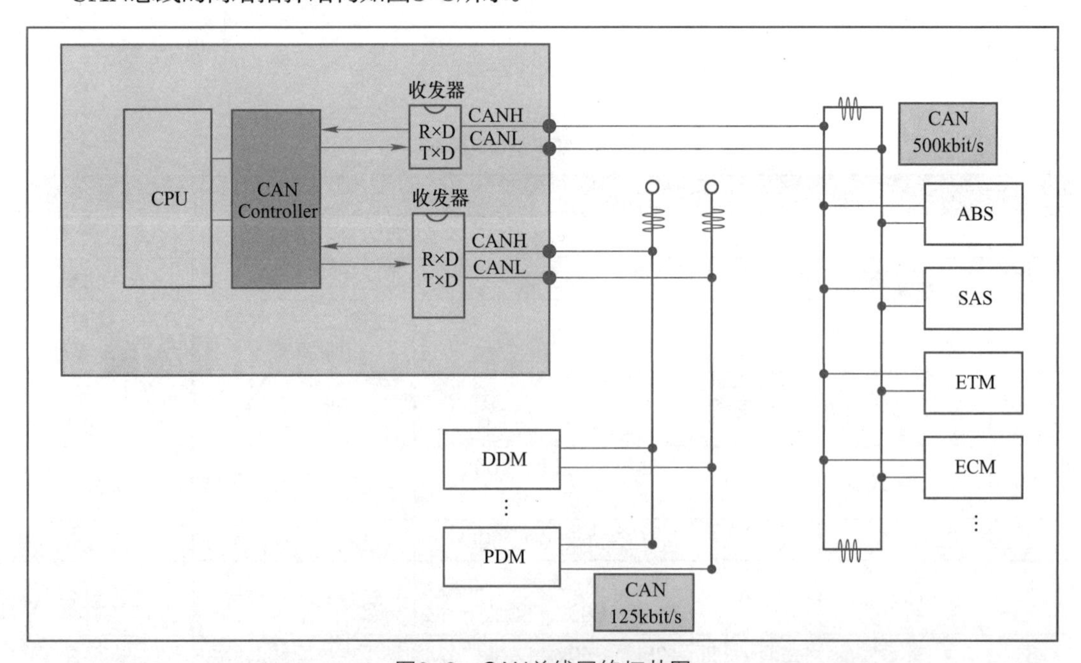

图3-3　CAN总线网络拓扑图

图3-3展示的CAN总线网络拓扑包括两个网络：其中一个是遵循ISO 11898标准的高速CAN总线网络（传输速率为500kbit/s），另一个是遵循ISO 11519标准的低速CAN总线网络（传输速率125kbit/s）。高速CAN总线网络被应用在汽车动力与传动系统，它是闭环网络，总线最大长度为40m，要求两端各有一个120Ω的电阻。低速CAN总线网络被应用在汽车车身系统，它的两根总线是独立的，不形成闭环，要求每根总线上各串联一个2.2kΩ的电阻。

3.1.5 CAN总线的传输介质

CAN总线可以使用多种传输介质，常用的有双绞线、同轴电缆和光纤。

1. 传输介质选择的注意事项

通过对“CAN总线的报文信号电平”小节的学习，了解到CAN总线上的报文信号使用差分电压传送，有两种信号电平，分别是“隐性电平”和“显性电平”。

因此，在选择CAN总线的传输介质时，需要关注以下几个注意事项：

- 物理介质必须支持“显性”和“隐性”状态，同时在总线仲裁时，“显性”状态可支配“隐性”状态；
- 双线结构的总线必须使用终端电阻抑制信号反射，并且采用差分信号传输以减弱电磁干扰的影响；
- 使用光学介质时，隐性电平通过状态“暗”表示，显性电平通过状态“亮”表示；
- 同一段CAN总线网络必须采用相同的传输介质。

2. 双绞线

双绞线目前已在很多CAN总线分布式系统中得到广泛应用，例如，汽车电子、电力系统、电梯控制系统和远程传输系统等。双绞线具有以下特点：

1）双绞线采用抗干扰的差分信号传输方式；

2）技术上容易实现，造价比较低廉；

3）对环境电磁辐射有一定的抑制能力；

4）随着频率的增长，双绞线线对的衰减迅速增高；

5）最大总线长度可达40m；

6）适合传输速率为5kbit/s～1Mbit/s的CAN总线网络。

ISO11898标准推荐的电缆参数见表3-2。

表3-2　ISO 11898标准的推荐电缆与参数

总线长度/m	电缆		终端电阻/Ω（精度1%）	最大位速率
	直流电阻/（mΩ/m）	导线截面积		
0～40	70	$0.25\sim0.34mm^2$ AWG23，AWG22	124	1Mbit/s at 40m
40～300	<60	$0.34\sim0.60mm^2$ AWG22，AWG20	127	>500kbit/s at 100m
300～600	<40	$0.50\sim0.60mm^2$ AWG20	127	>100kbit/s at 500m
600～1000	<26	$0.75\sim0.80mm^2$ AWG18	127	>50 kbit/s at 1km

使用双绞线构成CAN网络时的注意事项如下：

1）网络的两端必须各有一个120Ω左右的终端电阻；

2）支线尽可能短；

3）确保不在干扰源附近部署CAN网络；

4）所用的电缆电阻越小越好，以避免线路压降过大；

5）CAN总线的波特率取决于传输线的延时，通信距离随着波特率减小而增加。

3. 光纤

光纤CAN网络可选用石英光纤或塑料光纤，其拓扑结构有以下几种类型：

- 总线型：由一根用于共享的光纤总线作为主线路，各个节点使用总线耦合器和站点耦合器实现与主线路的连接；
- 环形：每个节点与相邻的节点进行点对点相连，所有节点形成闭环；
- 星形：网络中有一个中心节点，其他节点与中心节点进行点对点相连。
- 光纤与双绞线、同轴电缆相比，有以下优点：
- 光纤的传输损耗低，中继距离大大增加；

光纤具有不辐射能量、不导电、没有电感的优点；

- 光纤不存在串扰或光信号相互干扰的影响；
- 光纤不存在线路接头的感应耦合而导致的安全问题；
- 光纤具有强大的抗电磁干扰的能力。

3.1.6 CAN通信帧

1. CAN通信帧类型

CAN总线上的数据通信基于以下5种类型的通信帧，它们的名称与用途见表3-3。

表3-3 CAN通信帧的类型及其用途

序号	帧类型	帧用途
1	数据帧	用于发送单元向接收单元传送数据
2	遥控帧	用于接收单元向具有相同ID的发送单元请求数据
3	错误帧	用于当检测出错误时向其他单元通知错误
4	过载帧	用于接收单元通知发送单元其尚未做好接收准备
5	帧间隔	用于将数据帧及遥控帧与前面的帧分离开

2. 数据帧

数据帧由7个段构成，如图3-4所示。图中深灰色底的位为“显性电平”，浅色底的位为“显性或隐性电平”，白色底的位为“隐性电平”（下同）。

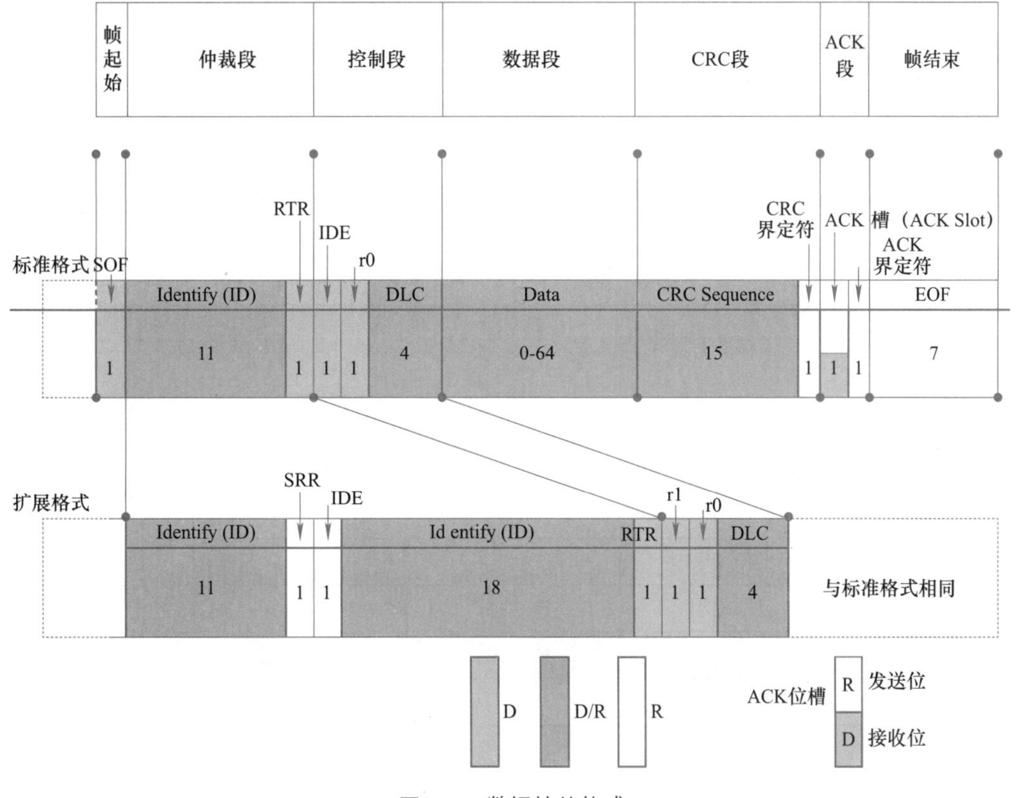

图3-4 数据帧的构成

（1）帧起始（Start of Frame）

帧起始（SOF）表示数据帧和远程帧的起始，它仅由一个“显性电平”位组成。CAN总线的同步规则规定，只有当总线处于空闲状态（总线电平呈现隐性状态）时，才允许站点开始发送信号。

（2）仲裁段（Arbitration Field）

仲裁段是表示帧优先级的段。标准帧与扩展帧的仲裁段格式有所不同：标准帧的仲裁段由11 bit的标识符ID和RTR（Remote Transmission Request，远程发送请求）位构成；扩展帧的仲裁段由29 bit的标识符ID、SRR（Substitute Remote Request，替代远程请求）位、IDE位和RTR位构成。

RTR位用于指示帧类型，数据帧的RTR位为“显性电平”，而遥控帧的RTR位为“隐性电平”。

SRR位只存在于扩展帧中，与RTR位对齐，为“隐性电平”。因此当CAN总线对标准帧和扩展帧进行优先级仲裁时，在两者的标识符ID部分完全相同的情况下，扩展帧相对标准帧而言处于失利状态。

（3）控制段（Control Field）

控制段是表示数据的字节数和保留位的段，标准帧与扩展帧的控制段格式不同。标准帧的控制段由IDE（Identifier Extension，标志符扩展）位、保留位r0和4个bit的数据长度码DLC构成。扩展帧的控制段由保留位r1、r0和4 bit的数据长度码DLC构成。IDE位用于指示数据帧为标准帧还是扩展帧，标准帧的IDE位为“显性电平”。数据长度码与字节数的关系见表3-4。其中，“D”为显性电平（逻辑0），“R”为隐性电平（逻辑1）。

表3-4　数据长度码与字节数的关系

数据字节数	数据长度码			
	DLC3	DLC2	DLC1	DLC0
0	D（0）	D（0）	D（0）	D（0）
1	D（0）	D（0）	D（0）	R（1）
2	D（0）	D（0）	R（1）	D（0）
3	D（0）	D（0）	R（1）	R（1）
4	D（0）	R（1）	D（0）	D（0）
5	D（0）	R（1）	D（0）	R（1）
6	D（0）	R（1）	R（1）	D（0）
7	D（0）	R（1）	R（1）	R（1）
8	R（1）	D（0）	D（0）	D（0）

（4）数据段（Data Field）

数据段用于承载数据的内容，它可包含0～8B的数据，从MSB（最高有效位）开始输出。

（5）CRC段（CRC Field）

CRC段是用于检查帧传输是否错误的段，它由15 bit的CRC序列和1 bit的CRC界定符（用于分隔）构成。CRC序列是根据多项式生成的CRC值，其计算范围包括帧起始、仲裁段、控制段和数据段。

（6）ACK段（Acknowledge Field）

ACK段是用于确认接收是否正常的段，它由ACK槽（ACK Slot）和ACK界定符（用于分隔）构成，长度为2 bit。

（7）帧结束（End of Frame）

帧结束（EOF）用于表示数据帧的结束，它由7 bit的隐性位构成。

3．遥控帧

遥控帧的构成如图3-5所示。

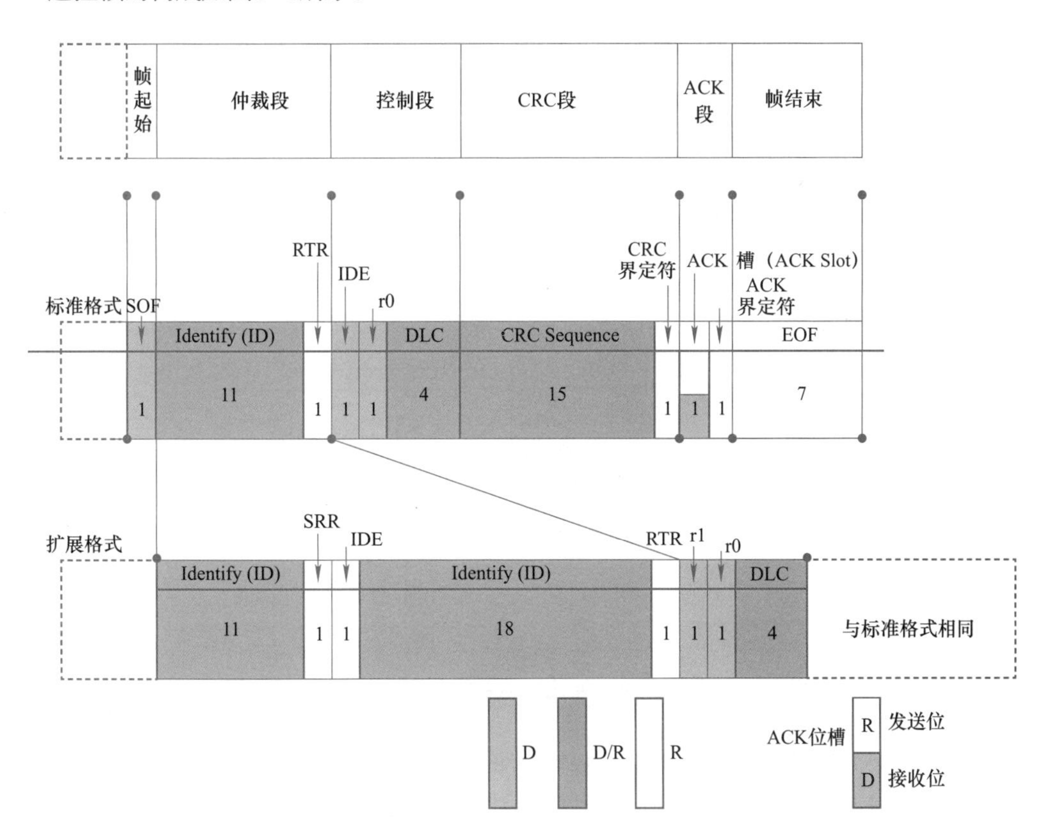

图3-5　遥控帧的构成

从图3-5中可以看到，遥控帧与数据帧相比，除了没有数据段之外，其他段的构成均与数据帧完全相同。如前所述，RTR位的极性指明了该帧是数据帧还是遥控帧，遥控帧中的RTR位为“隐性电平”。

4．错误帧

错误帧用于在接收和发送消息时检测出错误并通知错误，它的构成如图3-6所示。

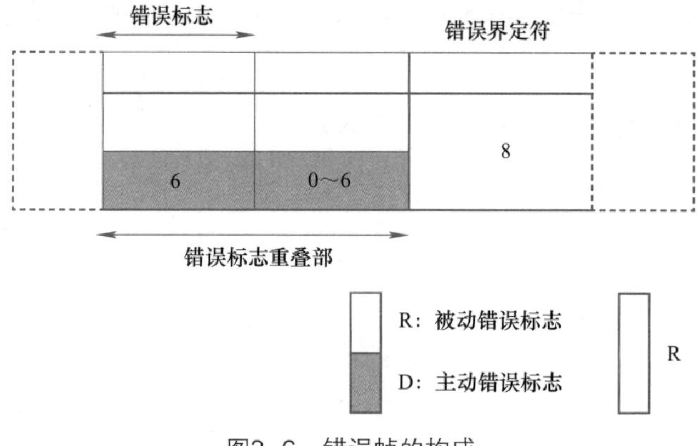

图3-6　错误帧的构成

从图3-6可知，错误帧由错误标志和错误界定符构成。错误标志包括主动错误标志和被动错误标志，前者由6 bit的显性位构成，后者由6 bit的隐性位构成。错误界定符由8 bit的隐性位构成。

5．过载帧

过载帧是接收单元用于通知发送单元尚未完成接收准备的帧，它的构成如图3-7所示。

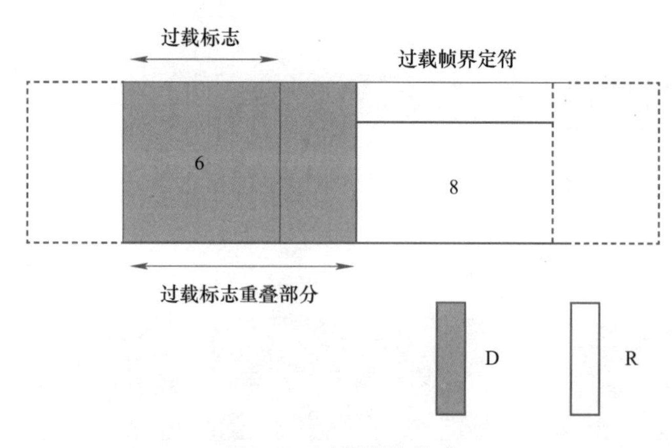

图3-7　过载帧的构成

从图3-7可知，过载帧由过载标志和过载界定符构成。过载标志的构成与主动错误标志的构成相同，由6 bit的显性位构成。过载界定符的构成与错误界定符的构成相同，由8 bit的隐性位构成。

6. 帧间隔

帧间隔是用于分隔数据帧和遥控帧的帧。数据帧和遥控帧可通过插入帧间隔将本帧与前面的任何帧（数据帧、遥控帧、错误帧或过载帧等）隔开，但错误帧和过载帧前不允许插入帧间隔。帧间隔的构成如图3-8所示。

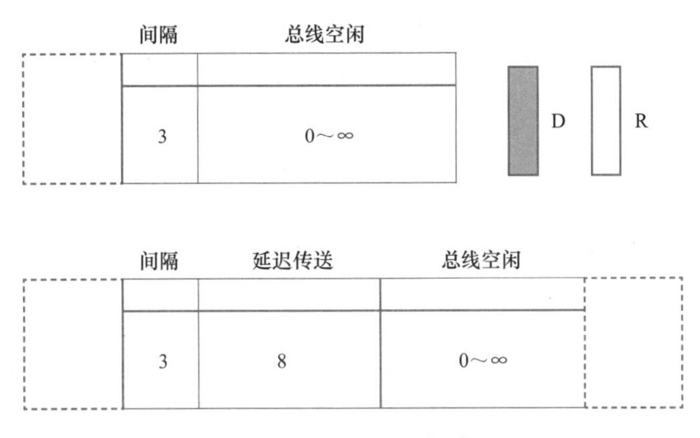

图3-8 帧间隔的构成

帧间隔的构成元素有三个：

一是间隔，它由3 bit的隐性位构成。

二是总线空闲，它由隐性电平构成，且无长度限制。只有在总线处于空闲状态下，要发送的单元才可以开始访问总线。

三是延迟传送，它由8 bit的隐性位构成。

3.2 CAN控制器与收发器

3.2.1 CAN节点的硬件构成

在学习CAN控制器与收发器之前，先了解CAN总线上单个节点的硬件架构，如图3-9所示。

从图3-9中可以看到，CAN总线上单个节点的硬件架构有两种方案：

第一种硬件架构由MCU、CAN控制器和CAN收发器组成。这种方案采用了独立的CAN控制器，优点是程序可以方便地移植到其他使用相同CAN控制器芯片的系统，缺点是需要占用MCU的I/O资源且硬件电路更复杂一些。

第二种硬件架构由集成了CAN控制器的MCU和CAN收发器组成。这种方案优点是硬件电路简单，缺点是用户编写的CAN驱动程序只适用某个系列的MCU（如，ST公司的STM32F407、TI的TMS320LF2407等），可移植性较差。

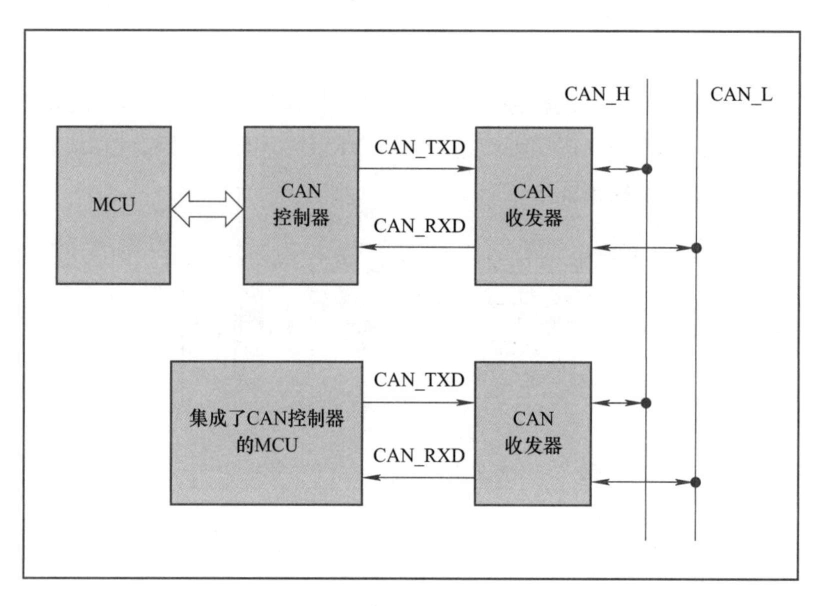

图3-9　CAN总线上节点的硬件架构

3.2.2　CAN控制器

CAN控制器是一种实现“报文”与“符合CAN规范的通信帧”之间相互转换的器件，它与CAN收发器相连，以便在CAN总线上与其他节点交换信息。

1．CAN控制器的分类

CAN控制器主要分为两类：一类是独立的控制器芯片，如，NXP半导体的MCP2515、SJA1000等；另一类与微控制器集成在一起，如，NXP半导体的P87C591和LPC11Cxx系列微控制器，ST公司的STM32F103系列和STM32F407系列等。

2．CAN控制器的工作原理

CAN控制器内部的结构示意图如图3-10所示。

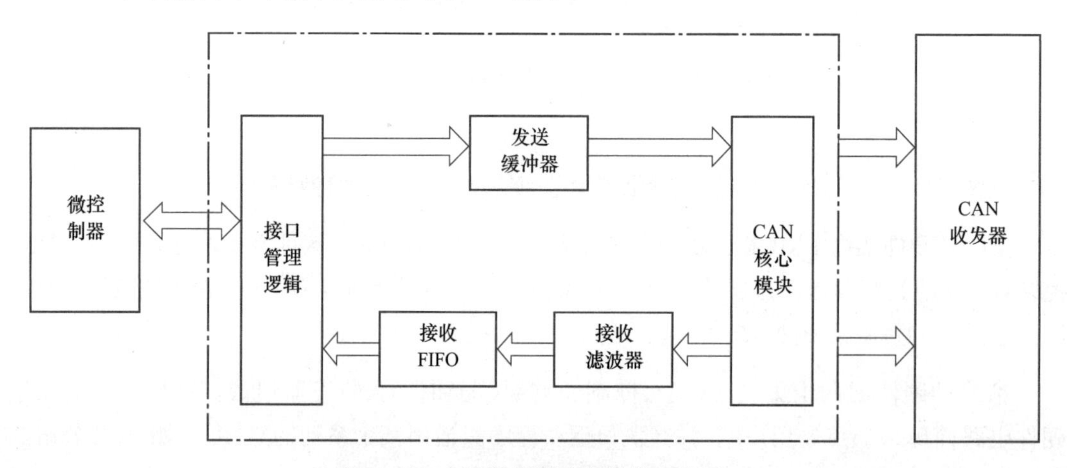

图3-10　CAN控制器内部结构示意图

（1）接口管理逻辑

接口管理逻辑用于连接微控制器，解释微控制器发送的命令，控制CAN控制器寄存器的寻址，并向微控制器提供中断信息和状态信息。

（2）CAN核心模块

接收数据时，CAN核心模块用于将接收到的报文由串行流转换为并行数据。发送数据时则相反。

（3）发送缓冲器

发送缓冲器用于存储完整的报文。需要发送数据时，CAN核心模块从发送缓冲器中读取CAN报文。

（4）接收滤波器

接收滤波器用于过滤掉无需接收的报文。

（5）接收FIFO

接收FIFO是接收滤波器与微控制器之间的接口，用于存储从CAN总线上接收的所有报文。

3.2.3 CAN收发器

CAN收发器是CAN控制器与CAN物理总线之间的接口，它将CAN控制器的“逻辑电平”转换为“差分电平”，并通过CAN总线发送出去。

根据CAN收发器的特性，可将其分为以下四种类型。

一是通用CAN收发器，常见型号有NXP半导体公司的PCA82C250芯片。

二是隔离CAN收发器。隔离CAN收发器的特性是具有隔离、ESD保护及TVS管防总线过压的功能，常见型号有CTM1050系列、CTM8250系列等。

三是高速CAN收发器。高速CAN收发器的特性是支持较高的CAN通信速率，常见型号有：NXP半导体公司的SN65HVD230、TJA1050、TJA1040等。

四是容错CAN收发器。容错CAN收发器可以在总线出现破损或短路的情况下保持正常运行，对于易出故障领域的应用具有至关重要的意义，常见型号有NXP半导体公司的TJA1054、TJA1055等。

接下来以NXP半导体公司的SN65HVD230为例，讲解CAN收发器芯片的工作原理与典型应用电路。图3-11展示了基于CAN总线的多机通信系统接线图。

在图3-11中，电阻R14与R15为终端匹配电阻，其阻值为120Ω。SN65HVD230芯片的封装类型是SOP-8，RXD与TXD分别为数据接收与发送引脚，它们用于连接CAN控制器的数据收发端。CAN_H、CAN_L两端用于连接CAN总线上的其他设备，所有设备以并联的形

式接在CAN总线上。

目前市面上各个半导体公司生产的CAN收发器芯片的引脚分布情况几乎相同，具体的引脚功能描述见表3-5。

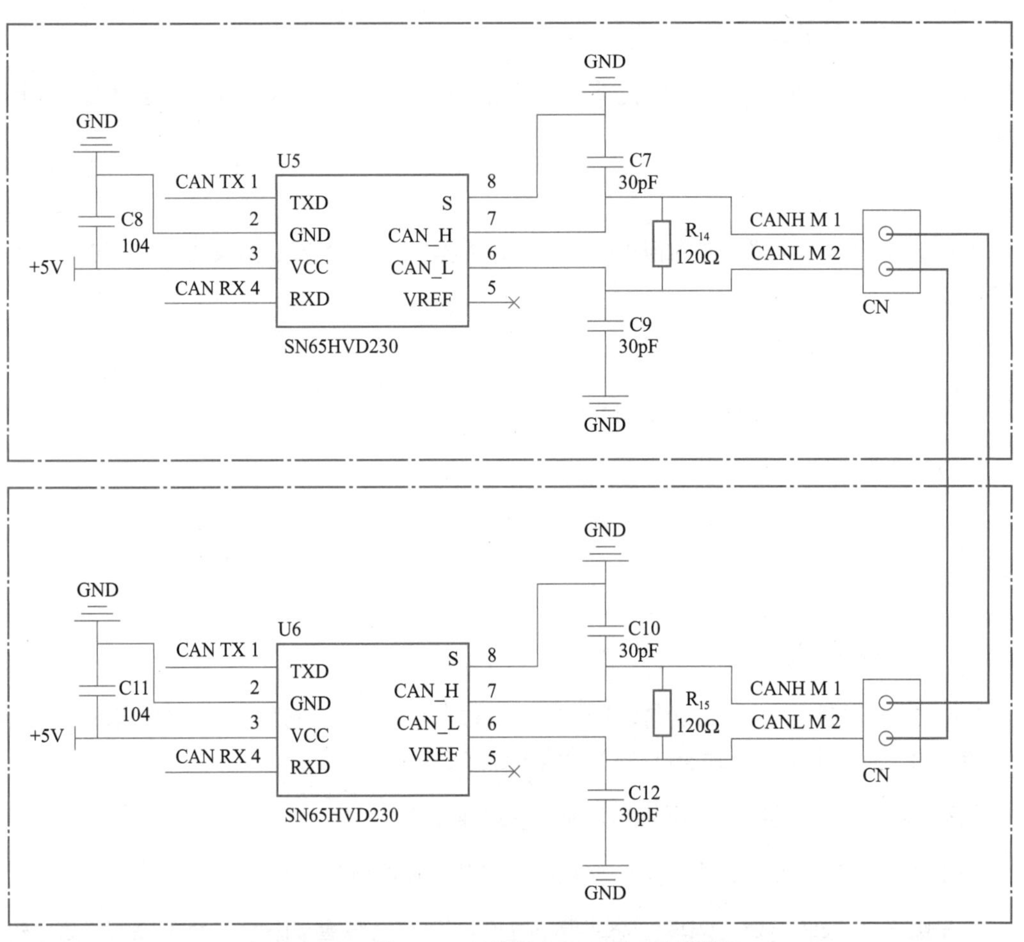

图3-11　基于CAN总线的多机通信系统接线图

表3-5　CAN收发器芯片的引脚功能描述

引脚编号	名称	功能描述
1	TXD	CAN发送数据输入端（来自CAN控制器）
2	GND	接地
3	VCC	接3.3V供电
4	RXD	CAN接收数据输出端（发往CAN控制器）
5	VREF	Vcc/2参考电压输出引脚，一般留空
6	CAN_L	CAN总线低电平线
7	CAN_H	CAN总线高电平线
8	S	模式选择引脚 拉低接地：高速模式 ● 拉高接Vcc：低功耗模式 ● 10kΩ至100kΩ拉低接地：斜率控制模式

3.3 应用案例：生产线环境监测系统的构建

3.3.1 任务1 案例分析

1. 系统构成

本案例要求搭建一个基于CAN总线的生产线环境监测系统，系统构成如下：

- PC一台（作为上位机）；
- 网关一个；
- CAN节点三个（一个CAN网关节点、两个CAN终端节点）；
- 温湿度光敏传感器两个；
- 火焰传感器一个；
- USB接口CAN调试器一个。

生产线环境监测系统的拓扑图如图3-12所示。

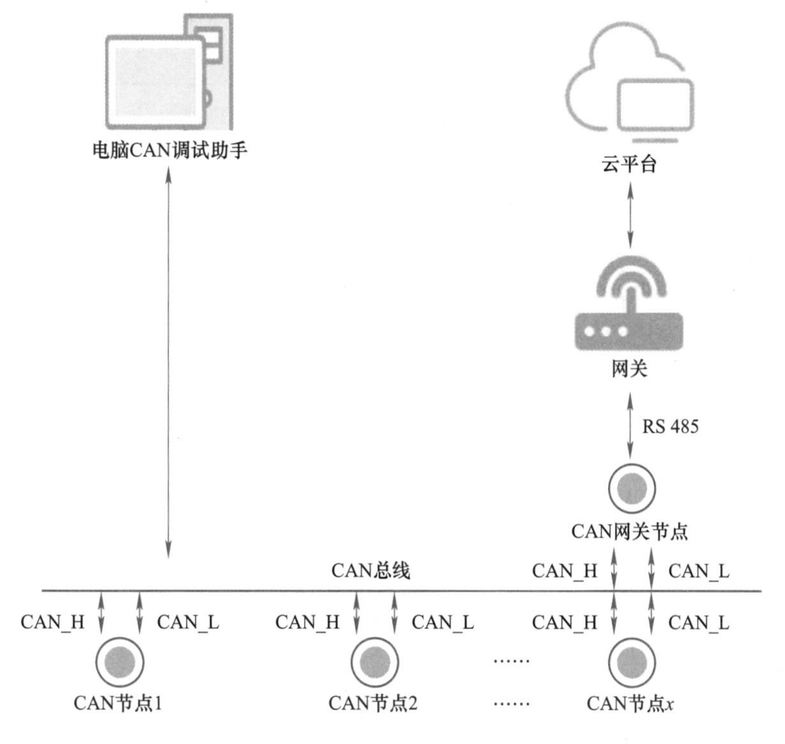

图3-12 生产线环境监测系统拓扑图

2．系统数据通信协议分析

（1）CAN网络数据帧

本案例的CAN通信采用标准格式数据帧，其格式可参考图3-4，其构成见表3-6。

表3-6　标准格式数据帧的构成

段类型	帧ID	帧类型RTR	标识符ID类型IDE	保留位	数据长度DLC	数据段Data[8]
长度	11 bit（标准帧）	1 bit	1 bit	1 bit	4 bit	8 Byte
内容	标准帧ID	0：数据帧 1：远程帧	0：标准帧 1：扩展帧	r0	DLC	Data
举例	0x12	0	0	0	0x08	Data[0]～Data[7]

（2）通过RS-485网络上报网关的数据帧

网关节点需要通过RS-485网络将采集到的传感器数据上报至网关。根据本案例需求，制订数据帧格式，见表3-7。

表3-7　RS-485网络数据帧格式

组成部分（缩写）	帧起始符（START）	地址域（ADDR）	命令码域（CMD）	数据长度域（LEN）	传感器类型（TYPE）	数据域（DATA）	校验码域（CS）
长度	1 Byte	2 Byte	1 Byte	1 Byte	1 Byte	2 Byte	1 Byte
内容	固定为0xDD	DstAddr	见本表格说明	Length	见本表格说明	Data	CheckSum
举例	0xDD	0x3412	0x01	0x09	0x01	0x18 0x40	0x51

对表3-7各字段说明如下。

- 帧起始符：固定为0xDD；
- 地址域：为发送节点的地址，两字节表示，低位在前、高位在后，如地址为0x3412，则DstAddr0=0x12，DstAddr1=0x34；
- 命令码域：0x01代表上报CAN网络的数据，0x02代表上报RS-485网络的数据；
- 数据长度域：固定为0x09；
- 传感器类型：1代表温湿度传感器，2代表人体红外传感器，3代表火焰传感器，4代表可燃气体传感器，5代表空气质量传感器，6代表光敏传感器，7代表声音传感器，8代表红外传感器，9代表心率传感器，10代表其他；
- 数据域：占2个字节，高8位和低8位。如对应温湿度传感器，高8位为温度值，低8位为湿度值，温度24℃对应0x18，湿度64%对应0x40；

● 校验码域：采用和校验方式，计算从“帧起始符”到“数据域”之间所有数据的累加和，并将该累加和与0xFF按位求“与”，并保留低8位，将此值作为CS的值。

3．系统工作流程分析

网络中的CAN终端节点每隔1.5s上传一次数据至CAN网关节点。

CAN网关节点收到传感器数据后，通过RS-485网络将其上报至网关。同时，CAN网关节点每隔1.5s也将自身采集的温湿度数据上报给网关。

网关收到传感器数据后，将通过TCP协议上传至云平台。

3.3.2 任务2 系统搭建

1．硬件接线

参照图3-12所示的系统拓扑图，在上位机安装“USB_CAN软件”调试软件和CH340驱动，分别连接调试硬件与三个CAN节点的CAN_H与CAN_L端子，使其构成一个CAN通信网络。

两个CAN节点分别连接温湿度光敏传感器与火焰传感器，CAN网关节点连接温湿度光敏传感器。网关WAN口接外网，Lan口接电脑网口；硬件接线如图3-13所示，图中编号为①②③处应插入对应的传感器。

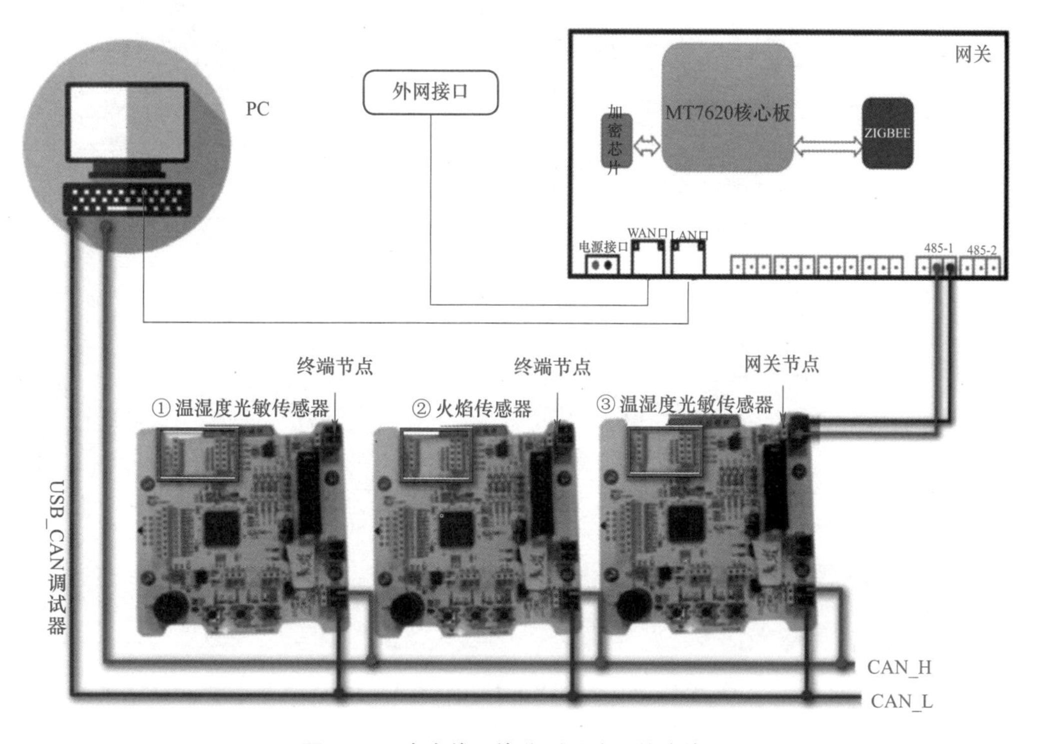

图3-13 生产线环境监测系统硬件连线图

2．CAN节点固件下载

选取两个“M3主控模块”，下载“终端节点”固件，路径为“...\CAN总线技术基础\节点固件”。选取一个“M3主控模块”，下载“网关节点”固件，路径“...\CAN总线技术基础\网关节点固件”。

（1）配置串行通信口及其通信波特率

M3主控模块拨到BOOT状态，如图3-14所示，按一下复位键。烧写时只允许一个M3主控模块上电。

图3-14　M3主控模块拨到BOOT状态

使用“Flash Loader Demonstrator”进行固件的下载。

打开该工具后，需要配置串行通信口及其通信波特率，如图3-15所示。

（2）选择需要下载的固件

配置好串行通信口及其通信波特率之后，我们还应对需要下载的固件文件进行选择，如图3-16所示。

单击图3-16中标号③处的按钮，选取需要下载的固件文件，然后单击"Next"按钮即可开始下载。

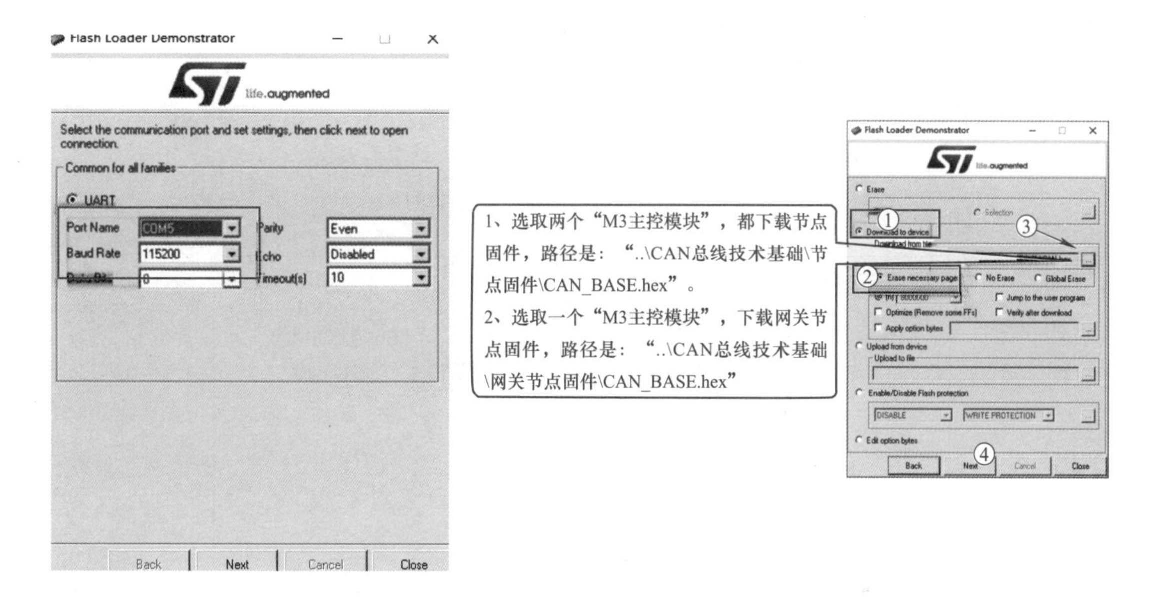

图3-15　下载工具的配置　　　　图3-16　选取合适的固件文件

烧写完成后，拨到NC状态，按一下复位键。

按照上述步骤，分别下载另外两个节点的固件。

3．节点配置

使用"M3主控模块配置工具"（路径为…/CAN总线技术基础/节点配置工具）进行CAN节点的配置，如图3-17、图3-18、图3-19所示。

单击图3-17中的标号①进行串行通信口的配置。另外，还有两项需要配置的内容。

一是节点发送数据的标识符ID，如：将"地址设置"设置为"0011"（图3-17中的标号②处）。

二是节点所连接的传感器类型，如：在传感器列表中选择"温湿度"（图3-17中的标号③处）。

最后单击"设置"按钮（图3-17中的标号④处）即可完成一个节点的配置。

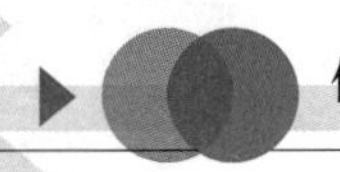

按照上述步骤，配置另外两个节点的标识符ID和传感器类型。

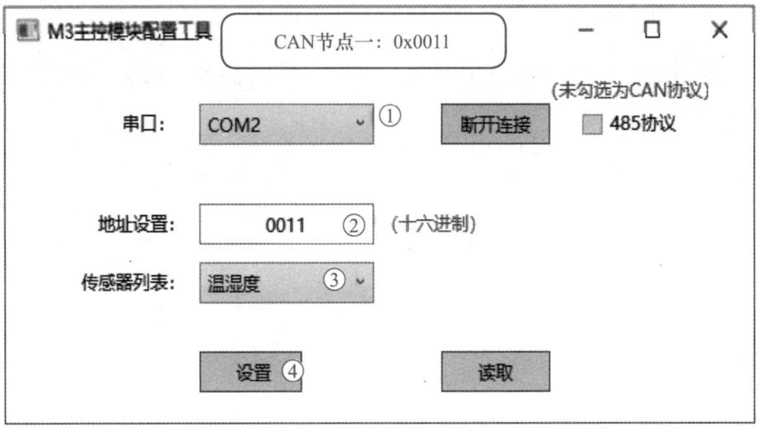

图3-17　M3主控模块配置工具截图1

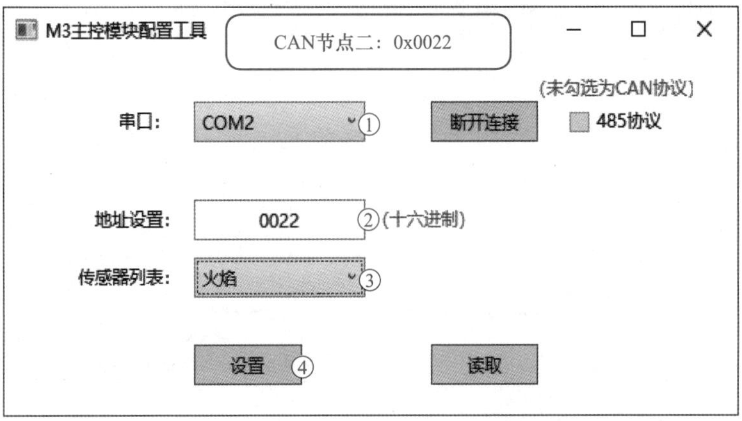

图3-18　M3主控模块配置工具截图2

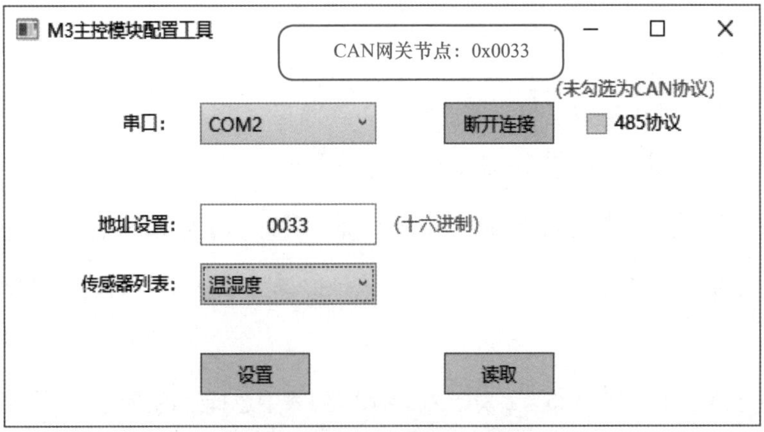

图3-19　M3主控模块配置工具截图3

3.3.3 任务3 CAN通信数据抓包与解析

系统搭建完毕后，可使用上位机打开“CAN调试助手”（路径为.../01工具驱动\03 CAN调试工具\USB_CAN_6.0.2_r.exe）工具进行通信数据的抓包与分析工作。若系统连接正常，打开“CAN调试助手”后可出现图3-20所示的界面。

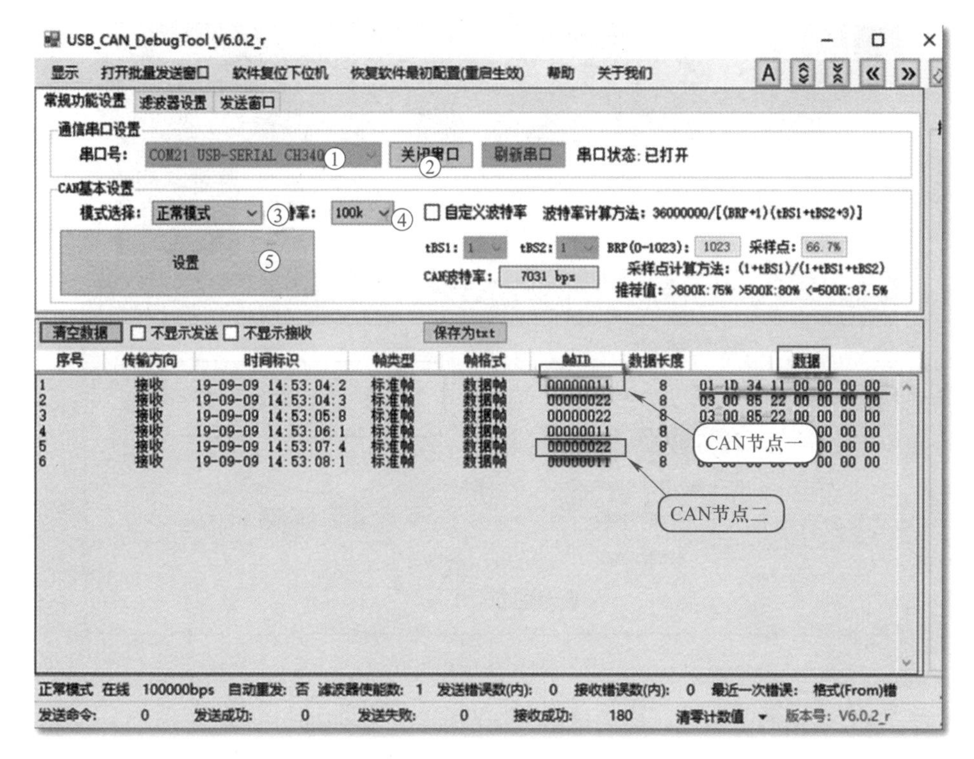

图3-20 “CAN调试助手”界面

图3-20是一张已抓取了部分CAN总线节点数据的“CAN调试助手”工具的界面。

1. CAN通信基本参数配置

按照图中①至④设置相关参数，单击⑤“设置”按钮即可完成CAN通信的基本参数配置。

2. 数据解析

“CAN调试助手”工具的下半部展示了抓取的通信数据帧的解析情况，每一行为一条数据。从图3-20中可以看到通信数据帧的“帧类型”“帧格式”“帧ID”“数据长度”和“数据”，这为我们分析CAN通信的数据收发情况提供了便利。

选取一条数据（01 1D 34 11 00 00 00 00）进行分析如下。

- 01：传感器类型，01代表温湿度传感器；
- 1D：温度值为29℃；
- 34：湿度值为52%。

3.3.4 任务4 在云平台上创建项目

1．新建项目

登录云平台http://www.nlecloud.com，单击“开发者中心”→“开发设置”，确认APIKey是否过期，如果已过期则重新生成APIKey，如图3-21生成APIKey所示。

图3-21 生成APIKey

单击“开发者中心”按钮，然后单击“新增项目”按钮即可新建一个项目，如图3-22所示。

图3-22 云平台新建项目

在弹出的“添加项目”对话框中，可填写“项目名称”“行业类别”以及“联网方案”等信息（图3-22中的标号③处）。

在本案例中，设置“项目名称”为“生产线环境监测系统”，“行业类别”选择“工业物联”，“联网方案”选择“以太网”。

项目建立完成的效果如图3-23所示。

图3-23　云平台项目建立完成

2．添加设备

项目新建完毕后可为其添加设备，如图3-24所示。

图3-24　云平台添加设备

从图3-24中可以看到，需要对“设备名称”（标号①处）、“通讯协议”（标号②处）和“设备标识”（标号③处）进行设置。

设备添加完成的效果如图3-25所示。

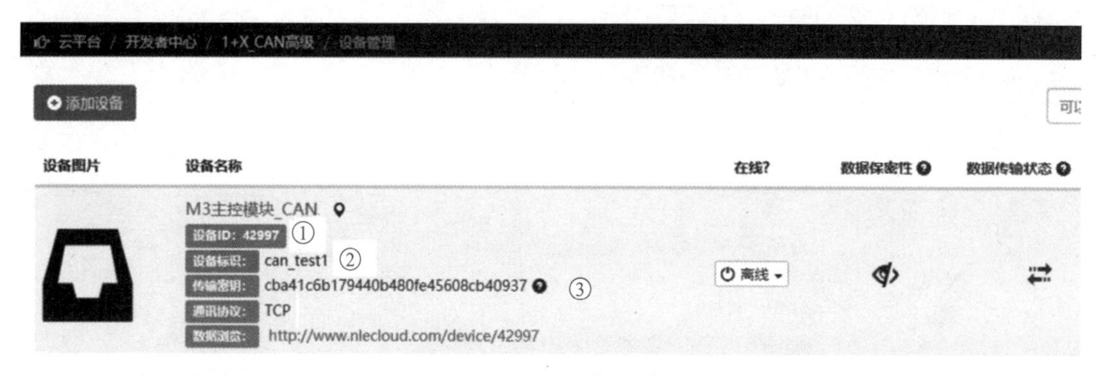

图3-25　设备添加完成效果

将图3-25中标号①处的“设备ID”，②处的“设备标识”和标号③处的“传输密钥”记下，网关配置时需用到这些信息。至此云平台配置完毕。

3．配置物联网网关接入云平台

登录物联网网关系统管理界面192.168.14.200:8400（IP地址可自行设置，端口号固定），如图3-26所示。

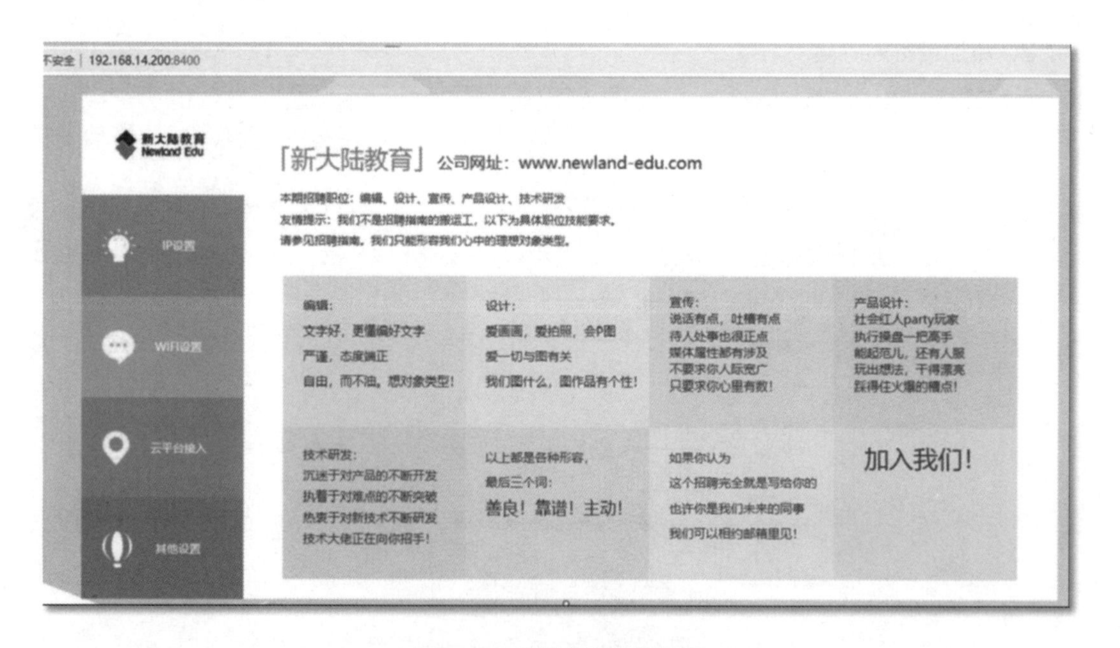

图3-26　网关管理系统界面

单击“云平台接入”按钮，按实际情况输入①～⑥处的信息后单击“设置”按钮，如图3-27所示。

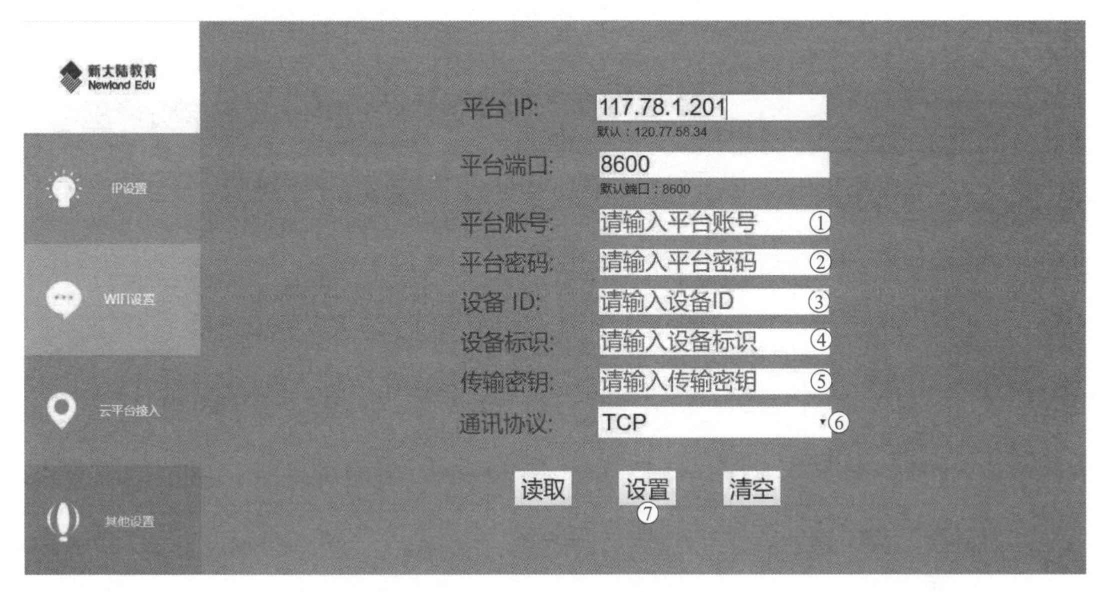

图3-27　网关参数填写

物联网网关配置参数完毕，单击⑦处的“设置”按钮，物联网网关系统自动重启，20s左右，网关系统初始化完毕，刷新网页，可以看到网关上线并自动识别出接入设备的标识，如图3-28所示。

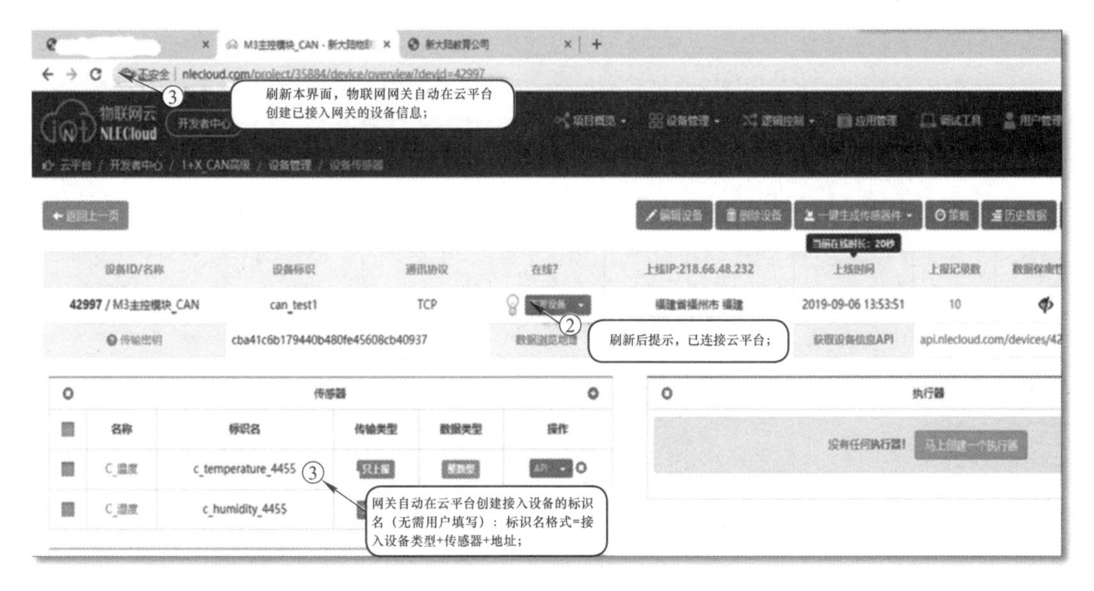

图3-28　网关上线

4．系统运行情况分析

用户可查看实时上报的数据，如图3-29所示，单击①处的“下发设备”按钮打开实时数据显示开关，可以看到实时数据显示在②处，并且每隔5s刷新一次。

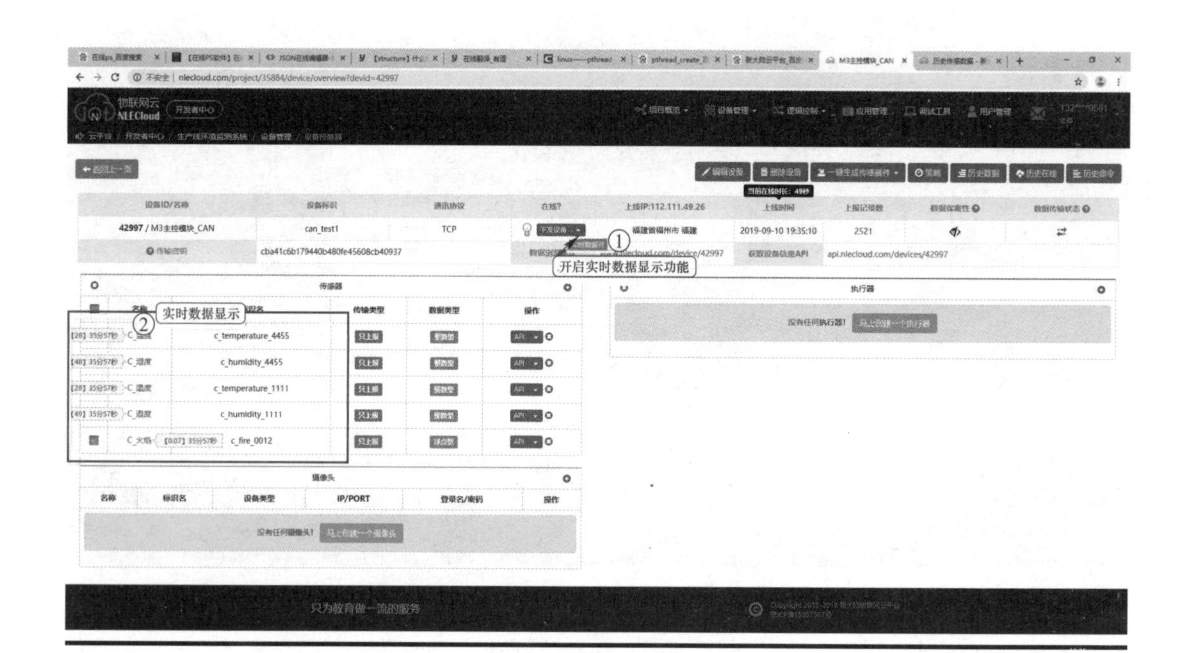

图3-29 查看实时数据

用户也可以查看历史数据，如图3-30所示。

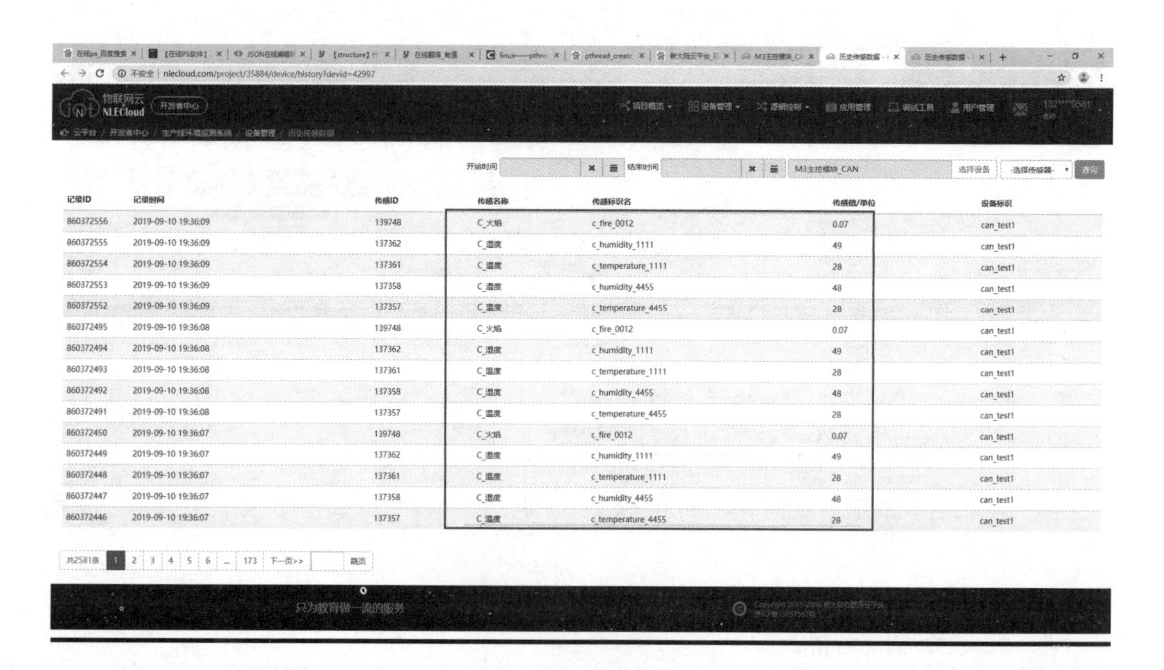

记录ID	记录时间	传感ID	传感名称	传感标识名	传感值/单位	设备标识
860372556	2019-09-10 19:36:09	139748	C_火焰	c_fire_0012	0.07	can_test1
860372555	2019-09-10 19:36:09	137362	C_湿度	c_humidity_1111	49	can_test1
860372554	2019-09-10 19:36:09	137361	C_温度	c_temperature_1111	28	can_test1
860372553	2019-09-10 19:36:09	137358	C_湿度	c_humidity_4455	48	can_test1
860372552	2019-09-10 19:36:09	137357	C_温度	c_temperature_4455	28	can_test1
860372495	2019-09-10 19:36:08	139748	C_火焰	c_fire_0012	0.07	can_test1
860372494	2019-09-10 19:36:08	137362	C_湿度	c_humidity_1111	49	can_test1
860372493	2019-09-10 19:36:08	137361	C_温度	c_temperature_1111	28	can_test1
860372492	2019-09-10 19:36:08	137358	C_湿度	c_humidity_4455	48	can_test1
860372491	2019-09-10 19:36:08	137357	C_温度	c_temperature_4455	28	can_test1
860372450	2019-09-10 19:36:07	139748	C_火焰	c_fire_0012	0.07	can_test1
860372449	2019-09-10 19:36:07	137362	C_湿度	c_humidity_1111	49	can_test1
860372448	2019-09-10 19:36:07	137361	C_温度	c_temperature_1111	28	can_test1
860372447	2019-09-10 19:36:07	137358	C_湿度	c_humidity_4455	48	can_test1
860372446	2019-09-10 19:36:07	137357	C_温度	c_temperature_4455	28	can_test1

图3-30 历史数据显示

至此生产线环境监测系统的构建完毕，并成功通过物联网网关接入云平台。

单元总结

本单元介绍了CAN总线的基础知识，讲解了CAN控制器的工作原理以及CAN收发器的典型应用，并着重分析了CAN总线的各种通信帧。

通过“生产线环境监测系统构建”案例的学习，读者掌握了系统构建过程、通信数据的抓包与解析方法。另外，借助云平台上的应用，读者可对监测系统采集的传感器数据进行可视化显示，便于开展数据分析等相关工作。

UNIT 4

学习单元4 ZigBee基础开发

单元概述

本单元主要面向的工作领域是传感网应用开发中的ZigBee基础开发，主要介绍ZigBee基础开发用到的CC2530单片机的基本知识。首先介绍CC2530单片机的基本概念和IAR开发环境的运用方法，然后讲解CC2530单片机的基本组件：GPIO端口的输出控制和输入识别、中断系统和外部中断输入应用、定时/计数器的概念和运用方法、串口通信的实现以及A-D转换模块运用方法。在内容安排上，将CC2530基本组件的知识点和技能点融入若干个训练任务之中。通过本单元学习，为进一步学习BasicRF和ZigBee协议栈打好基础。

知识目标

- 了解CC2530单片机的基本概念和内部结构，理解外部引脚及功能；
- 掌握CC2530单片机I/O的外设、GPIO、输入和输出等功能配置；
- 掌握CC2530单片机中断的使能、响应与处理方法；
- 掌握CC2530单片机定时器的定时模式和中断方式；
- 掌握CC2530单片机串口通信引脚配置，发送与接收的工作方法；
- 掌握CC2530单片机A-D、D-A转换方法。

技能目标

- 能搭建开发环境、创建工程、编写简单代码并使用仿真器进行调试下载；
- 能进行参数设置；
- 能操作GPIO口实现输入和输出；
- 能操作串口进行数据通信；
- 能进行定时、计数编程；
- 能进行模数转换编程。

4.1 基础知识

CC2530是用于2.4GHz IEEE 802.15.4、ZigBee和RF4CE应用的一个真正的片上系统（SoC）解决方案，它能够以非常低的总材料成本建立功能强大的网络节点。

4.1.1 SoC与单片机

SoC是System on Chip的缩写，可翻译为“芯片级系统”或“片上系统”。我们可以这样来理解SoC与单片机的区别：SoC是一个应用系统，除了包括单片机还包括其他外围电子器件。例如，要实现无线通信功能，电路板上需要有单片机芯片和无线收发芯片才能构成无线通信系统，若将整个电路板集成到一个芯片中，那么这个高度集成的芯片就可以称为SoC。

SoC为了专门的应用而将单片机和其他特定功能器件集成在一个芯片上，但其仍旧是以单片机为这个片上系统的控制核心，从使用的角度来说人们基本还是在操作一款单片机。

4.1.2 CC2530单片机内部结构

CC2530单片机内部使用业界标准的增强型8051CPU，结合了领先的RF收发器，具有8KB容量的RAM，具备32/64/128/256KB 4种不同容量的系统内可编程闪存和其他许多强大的功能。CC2530单片机根据内部闪存容量的不同分为4种不同型号：CC2530F32/64/128/256，F后面的数值即表示该型号芯片具有的闪存容量级别。

CC2530单片机内部结构框图如图4-1所示，从信号处理方面来划分，图中浅色部分表示该部分用来处理数字信号，深色表示该部分处理模拟信号，数字信号和模拟信号都进行处理的使用过渡色表示。从功能方面来划分，A虚线框中包含的是时钟和电源管理相关的模块，B虚线框中包含的是8051CPU核心和存储器相关模块，C虚线框中包含的是无线收发相关模块，剩余部分则是CC2530单片机的其他外设模块。

4.1.3 CC2530单片机的外设

CC2530单片机包括许多不同的外设，允许设计者开发先进的应用，其提供的外设主要包括：

- 21个通用I/O引脚；
- 闪存控制器；
- 具有5个通道的DMA控制器；

- 4个定时器；
- 1个睡眠定时器；
- 2个串行通信接口；
- 8通道12位ADC；
- 1个随机数发生器；
- 1个看门狗定时器；
- AES安全协处理器。

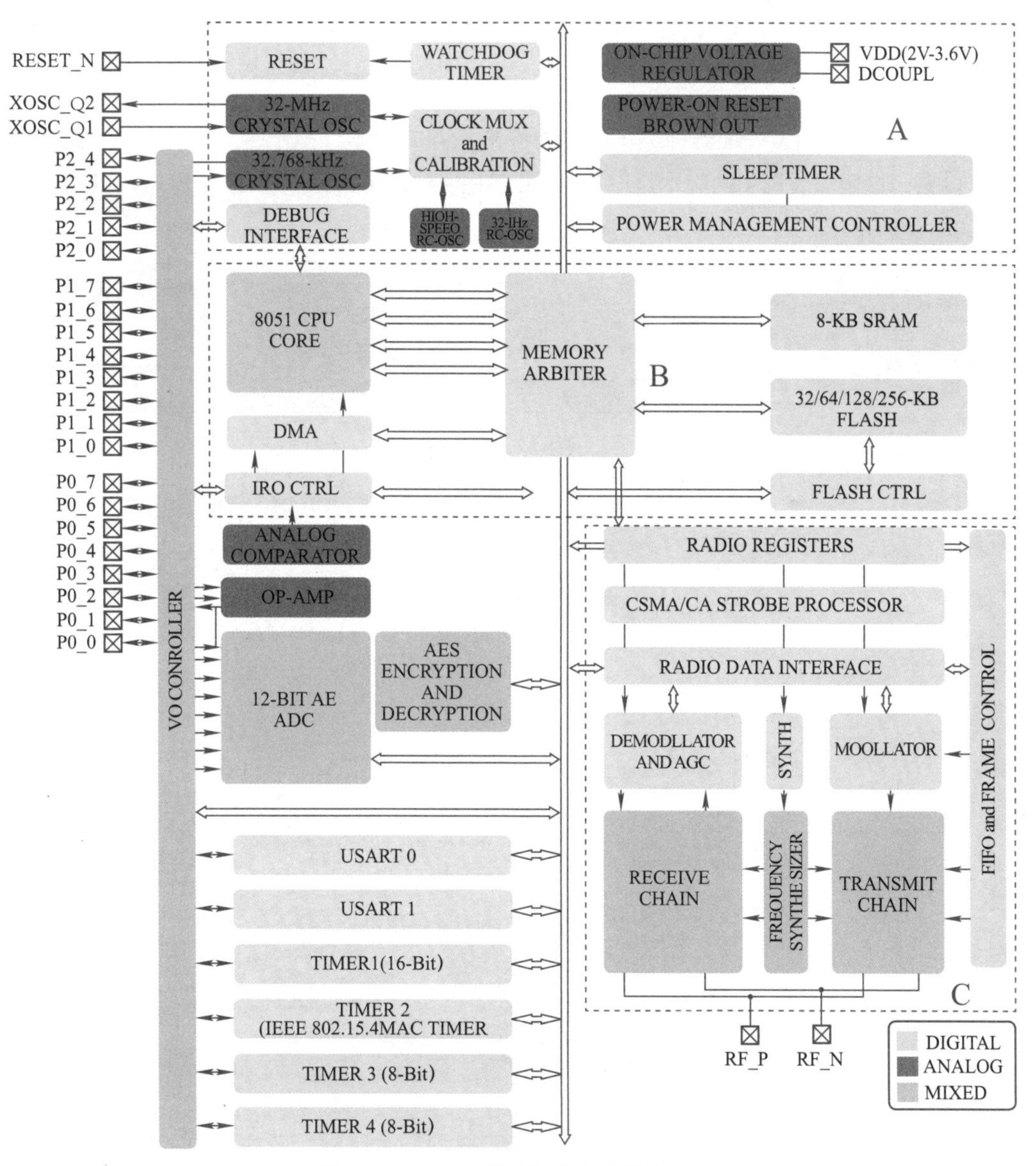

图4-1　CC2530单片机内部结构框图

4.2 任务1　搭建开发环境

4.2.1　任务要求

学会搭建CC2530单片机开发环境，能烧写程序，为进一步的任务开发做准备。

4.2.2　知识链接

IAR Embedded Workbench是著名的C编译器，支持众多知名半导体公司的微处理器，许多全球著名的公司都在使用该开发工具来开发他们的前沿产品，从消费电子、工业控制、汽车应用、医疗、航空航天到手机应用系统。

IAR根据支持的微处理器种类不同分为许多不同的版本，由于CC2530单片机使用的是8051内核，这里需要选用的版本是IAR Embedded Workbench for 8051。IAR的工作界面如图4-2所示。

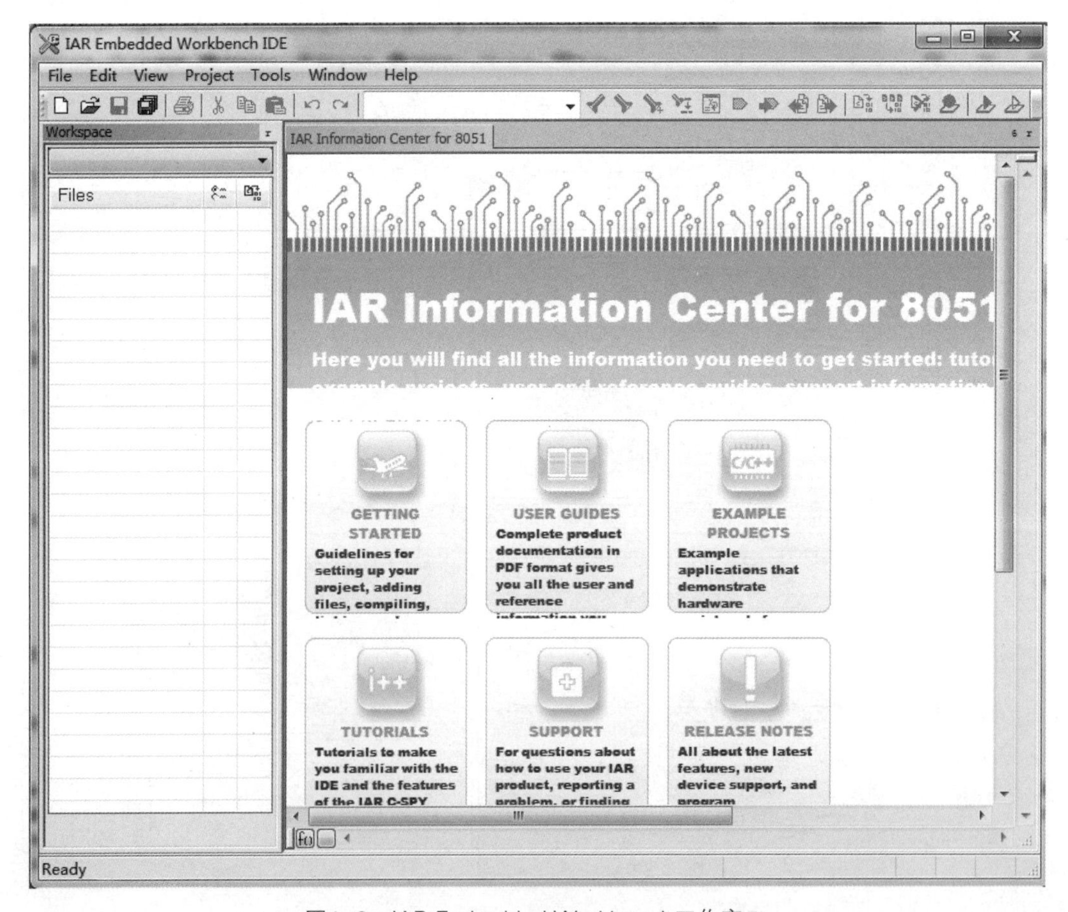

图4-2　IAR Embedded Workbench工作窗口

4.2.3 任务实施

1. IAR的安装

1）找到安装文件 EW8051-EV-8103-Web.exe，右击“以管理员身份”进行安装，在弹出来的对话框中一路单击“Next”按钮，如图4-3和图4-4所示。

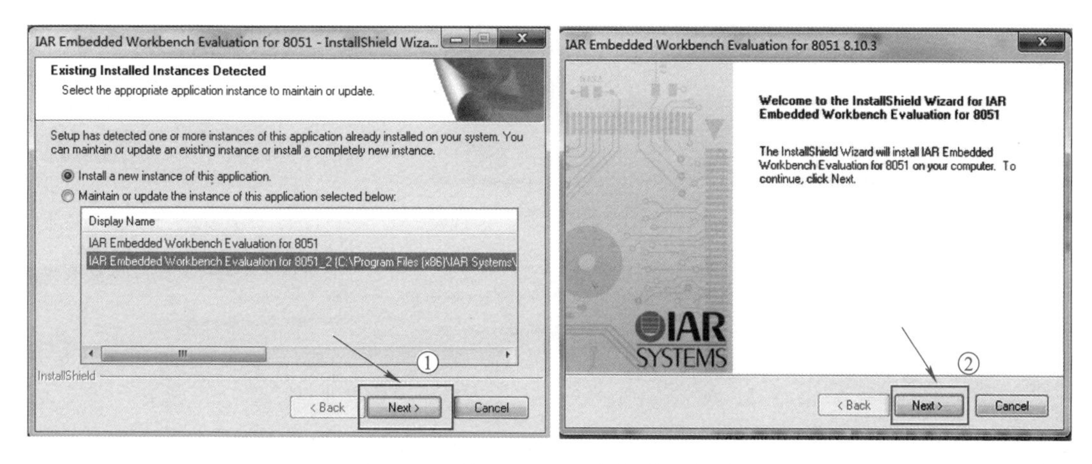

图4-3 单击“next”按钮进行安装

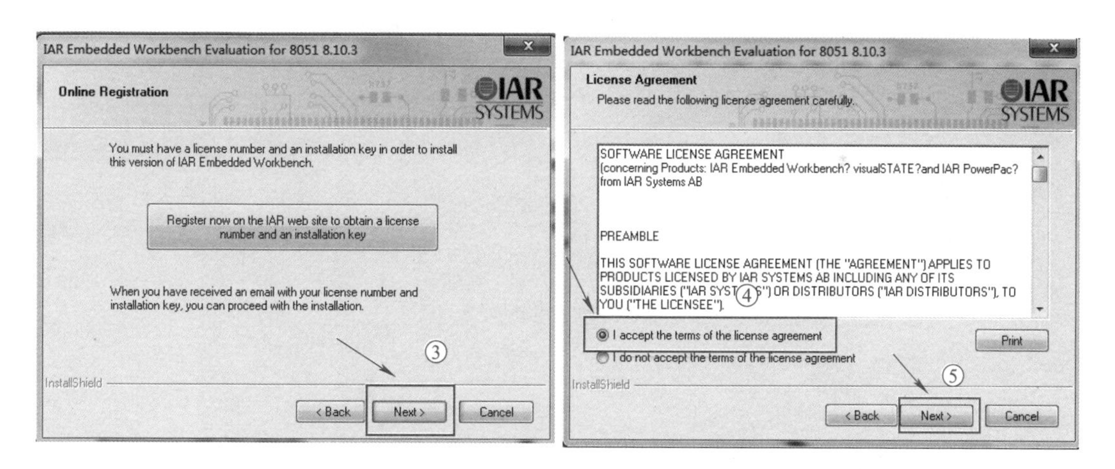

图4-4 选中“I accept...”后单点“next”按钮进行安装

2）输入厂家授权的License和Key后单点“Next”按钮，单击“Install”进行安装，并等待直到安装完成，单击“Finish”按钮完成安装，如图4-5和图4-6所示。

2. 新建工作区

IAR使用工作区（Workspace）来管理工程项目，一个工作区中可以包含多个为不同应用创建的工程项目。IAR启动的时候已自动新建了一个工作区，也可以执行菜单中的“File”→“New”→“Workspace”命令或“File”→“Open”→“Workspace...”命令来新建工作区或打开已存在的工作区，如图4-7所示。

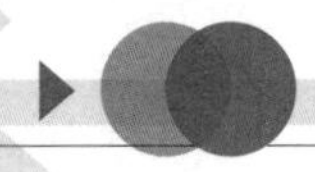

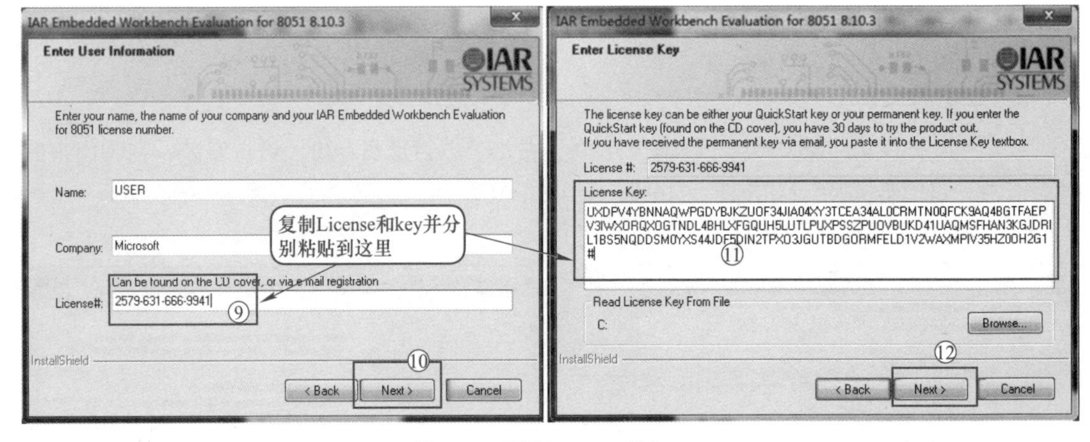

图4-5　粘贴License和key

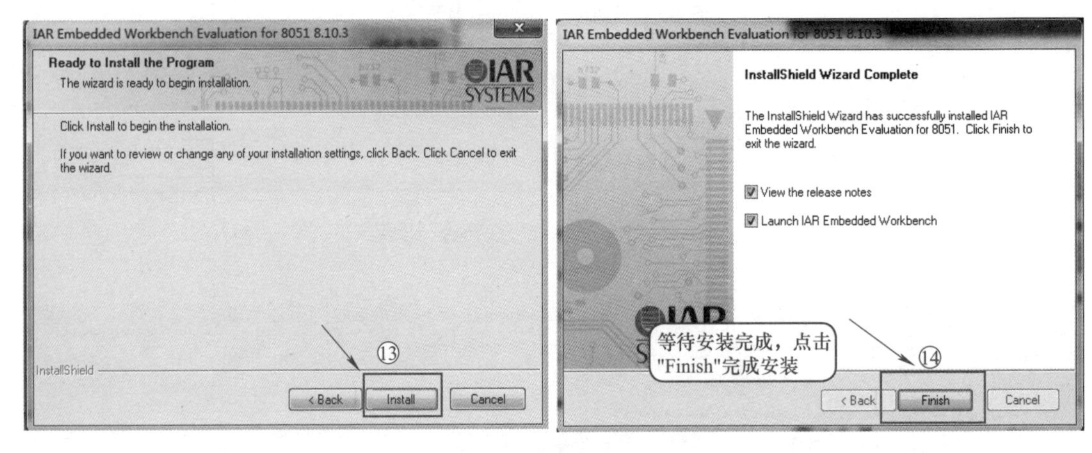

图4-6　等待安装完成

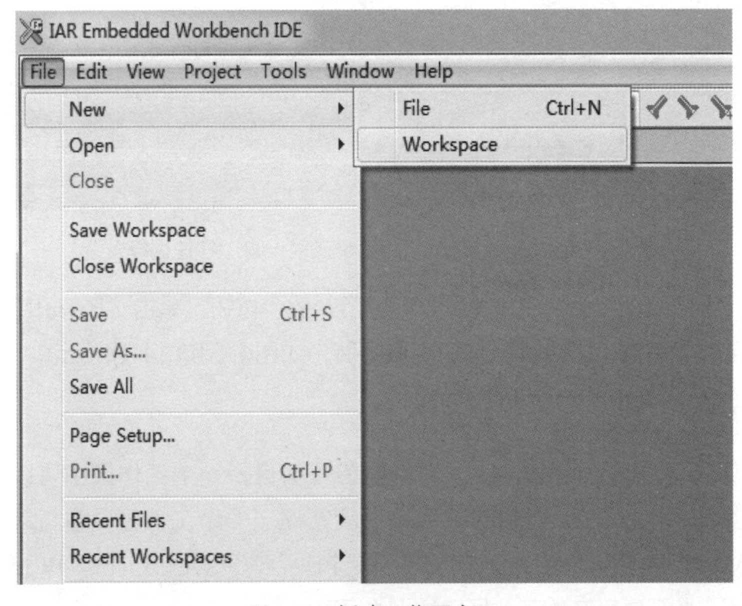

图4-7　新建工作区窗口

3. 新建工程

执行“Project”→“Creat New Project…”命令，如图4-8所示，默认设置，单击“OK”按钮。设置工程保存路径和工程名，在此设置为“…\搭建ZigBee开发环境”和“test”。

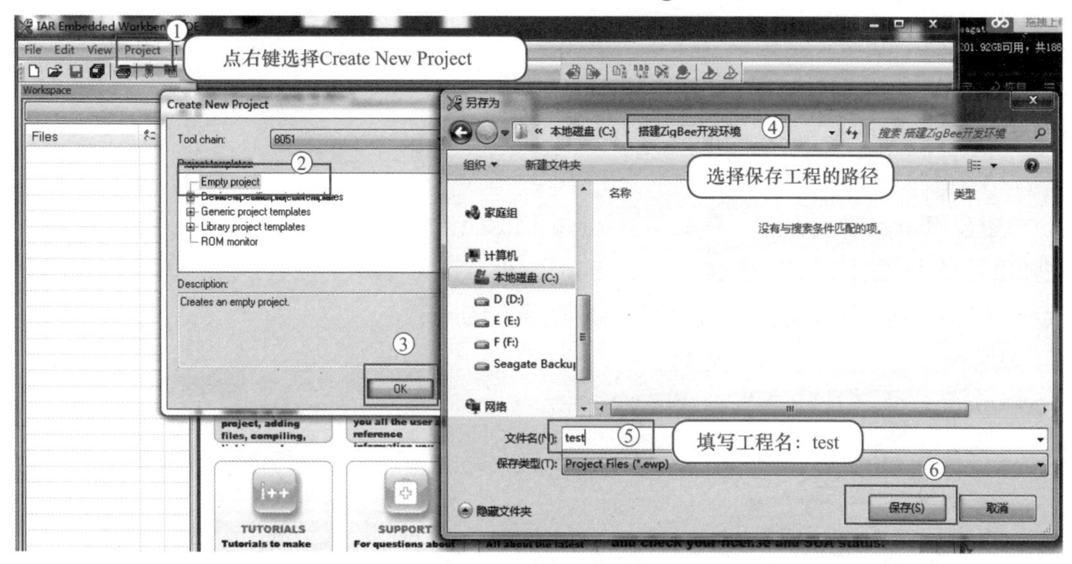

图4-8 新建工程窗口

4. 新建文件

执行“File”→“New”→“File”命令或单击工具栏“ ”按钮，新建文件，并将文件保存在工程文件相同路径下，即：“…\搭建ZigBee开发环境”，并命名为“test.c”。右击“test-Debug”，选择“Add”→“Add File…”命令，将test.c文件添加到工程中，如图4-9所示。

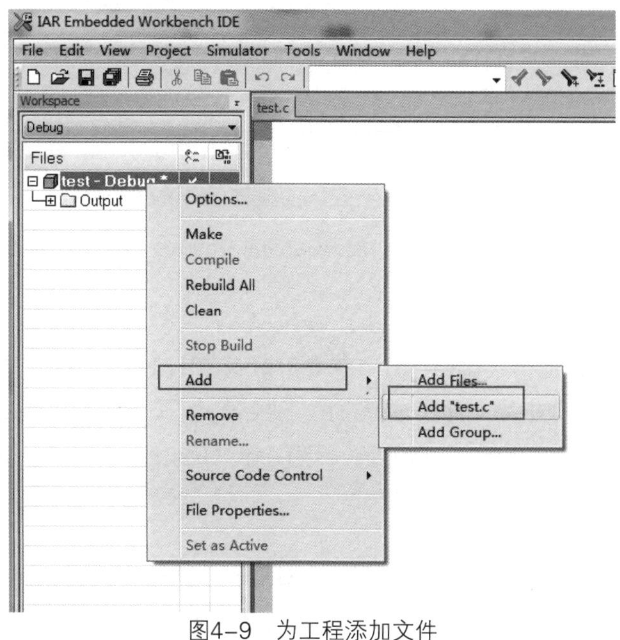

图4-9 为工程添加文件

5．保存工作区

单击工具栏“ ”按钮，设置工作区保存路径“...\搭建ZigBee开发环境”（与工程同一路径），工作区名为“test”。

6．配置工程

执行菜单栏“Project”→“Options...”命令。

（1）General Options

选择“Target”选项卡，单击“Device information”栏中的“Device”选择按钮，在弹出的文件中选择“CC2530F256.i51”文件。该文件路径是：C:\...\8051\config\devices\Texas Instruments\。其他配置如图4-10所示。

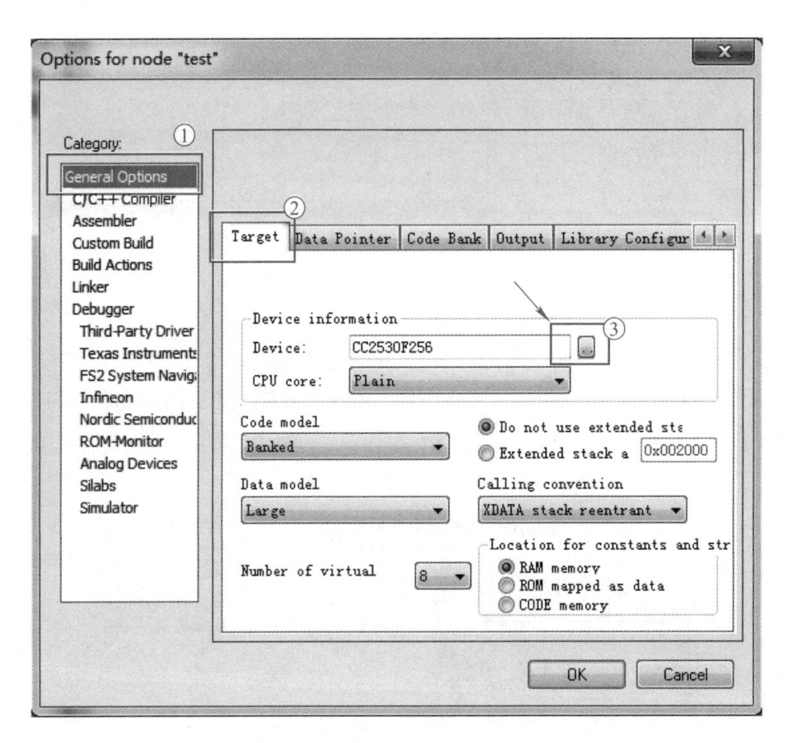

图4-10　配置General Options

（2）配置Linker

选择“Config”选项卡，单击“Linker configuration file”栏中的“Override default”选择按钮，在弹出的文件中选择“lnk51ew_cc2530F256_banked.xcl”文件。该文件路径是：C:\...\8051\config\devices\Texas Instruments\。如图4-11所示。

（3）配置Debugger

选择“Setup”选项卡，设置如图4-12所示，其中“Driver”栏选择“Texas Instruments”，设置好后单击“OK”按钮。

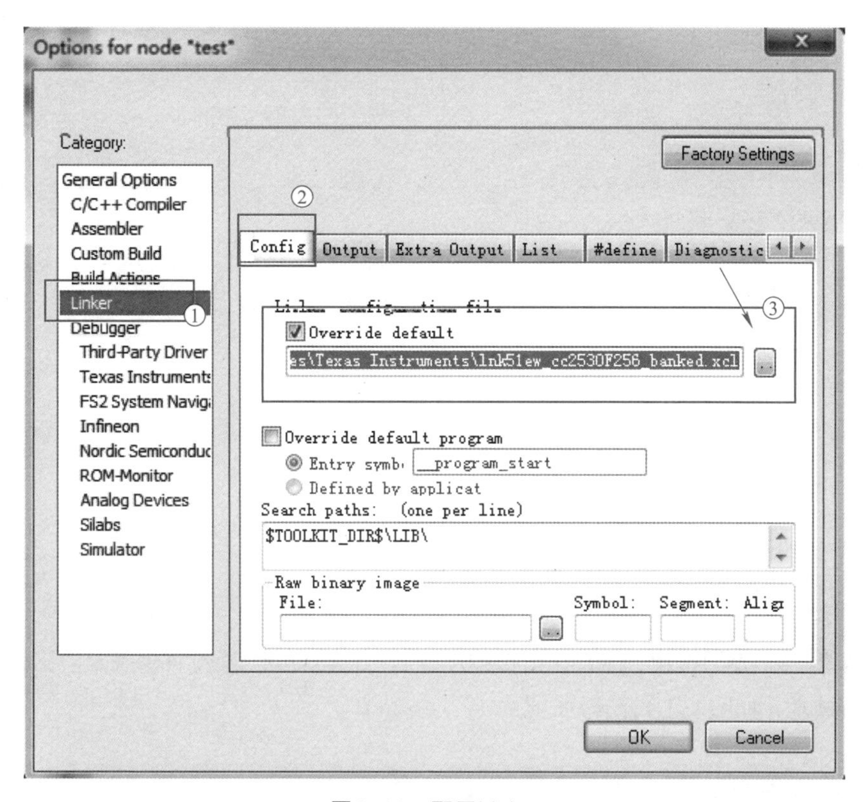

图4–11　配置Linker

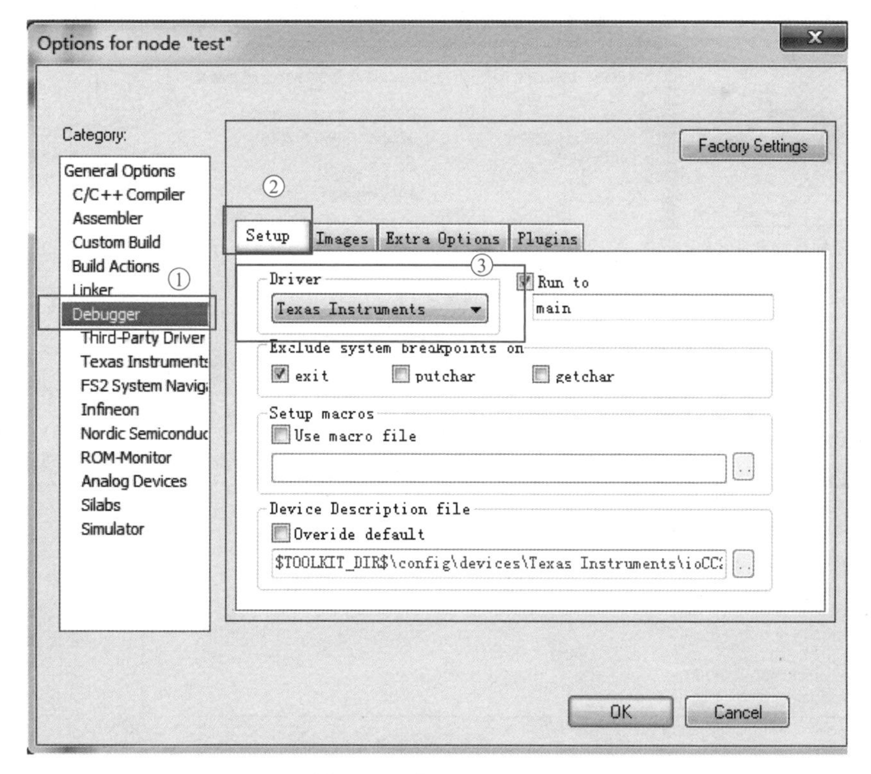

图4–12　配置Debugger

7．编写、调试程序

（1）编写程序

在test. c窗口输入代码。

```
1.   #include <ioCC2530.h>
2.   #define LED1 P1_0            //P1_0端口控制LED1发光二极管
3.   void main(void)
4.   {
5.     P1DIR |= 0X01;             //定义P1_0端口为输出端口
6.
7.
8.       LED1=1;                  //点亮LED1发光二极管
9.     while (1);
10.  }
```

（2）编译、链接程序

单击工具栏“”按钮，编译、链接程序，若“Messages”没有错误警告，则说明程序编译、链接成功，如图4-13所示。

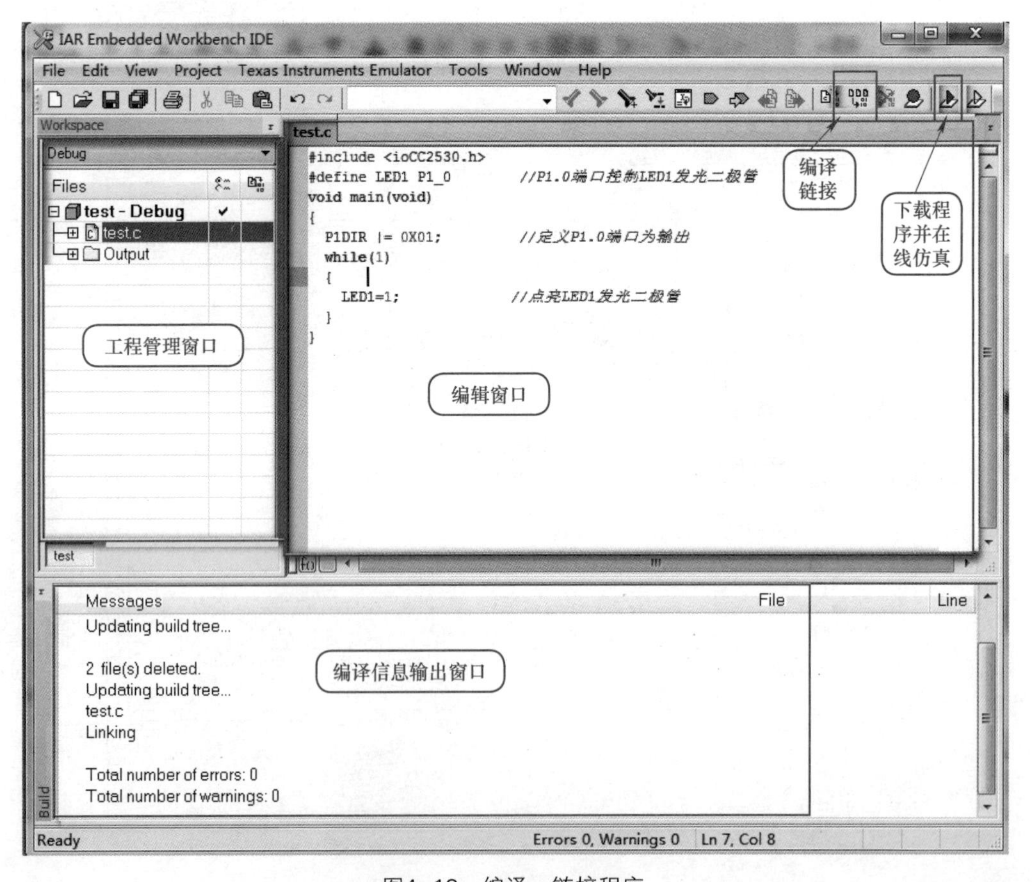

图4-13　编译、链接程序

8．IAR下载程序

1）把ZigBee模块装入NEWLab实训平台，并将CC Debugger仿真下载器的下载线连接至ZigBee模块，如图4-14所示。

图4-14 实训板与仿真器连接

2）将仿真器连接到电脑，电脑会提示找到新硬件，选择列表安装，安装完成后，在“设备管理器”窗口中可以看到如图4-15所示的状态。

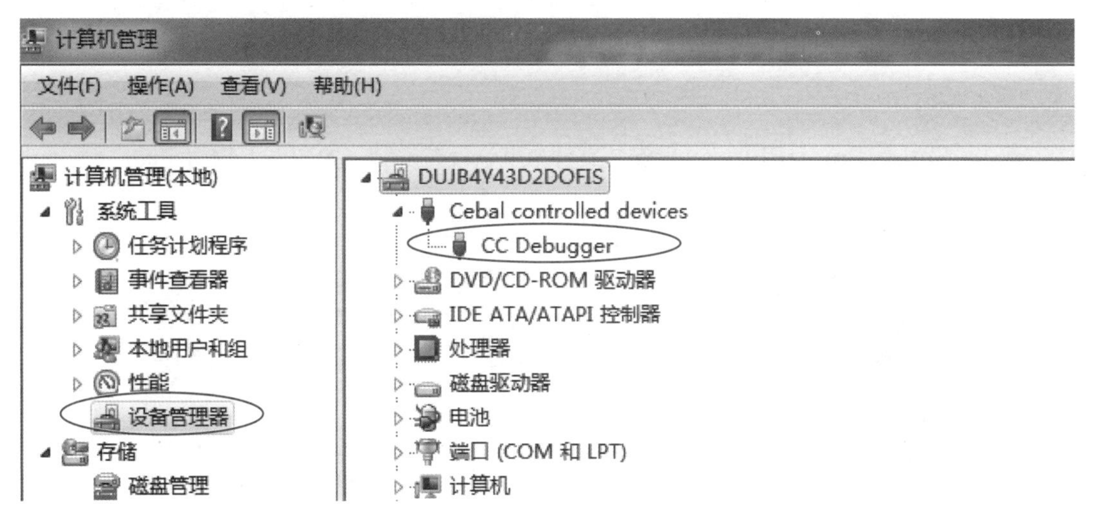

图4-15 仿真器安装成功状态

3）单击工具栏“ ”按钮，下载程序，进入调试状态，如图4-16所示。单击“单步”调试按钮，逐步执行每条代码，当执行“LED1=1”代码时，LED灯被点亮；再单击“复位”按钮，LED灯熄灭，重复上述动作，再点亮LED灯。注意：下载程序后，程序就被烧录到芯片之中，实训板断电后，再接电源，可以照常执行点亮LED灯程序，即既具有仿真功能，又具有烧录程序功能。

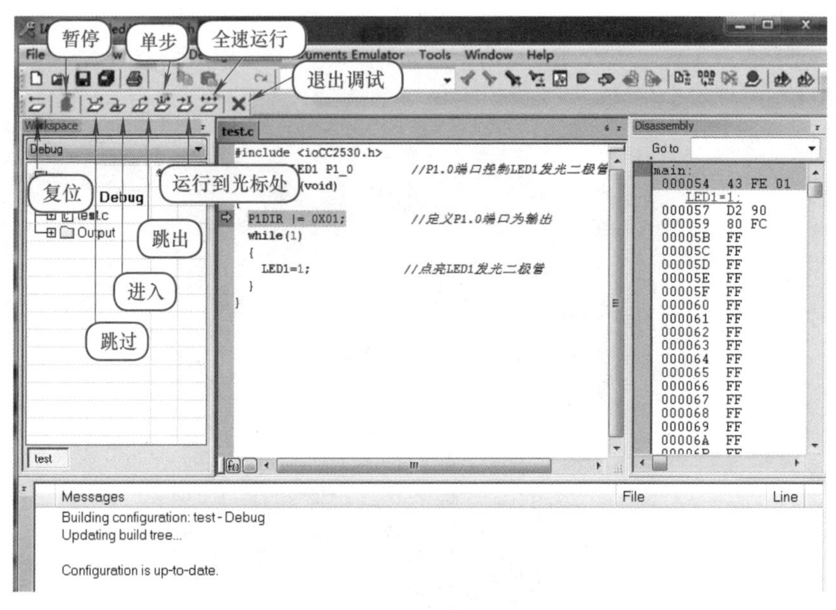

图4-16　调试状态

到此，已完成IAR集成开发环境的搭建、工程配置、程序编写与调试等工作。现在大部分TI芯片仿真器（如：SRF04EB、CC DEBUGGER等）都支持在IAR环境中进行程序下载和调试，用户使用起来非常方便。另外，还有一种烧录方法，即使用SmartRF Flash Programmer软件。

9．使用SmartRF Flash Programmer软件烧录程序

（1）安装SmartRF Flash Programmer软件

双击“Setup_SmartRFProgr”安装文件，默认设置安装，如图4-17所示。

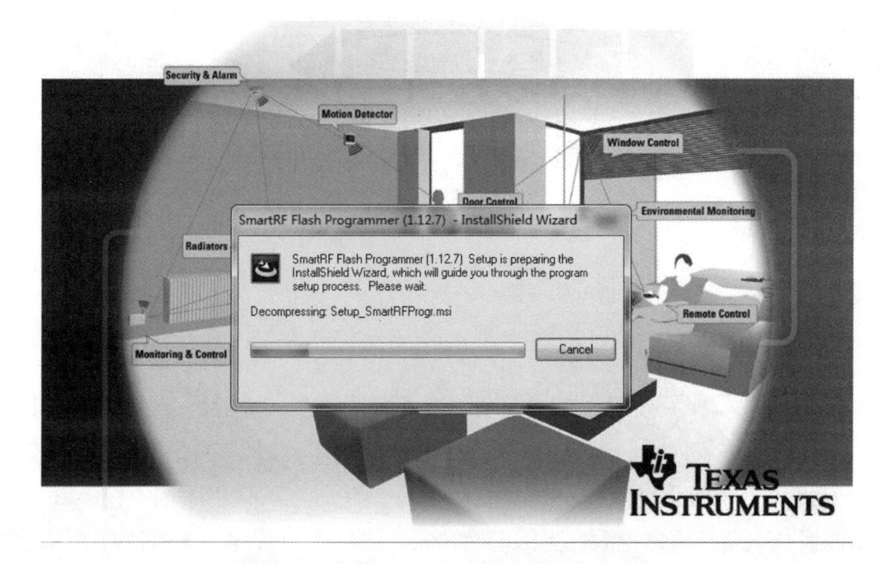

图4-17　安装SmartRF Flash Programmer

（2）配置工程选项参数输出hex文件

执行菜单栏“Project”→“Options…”命令，选择“Linker”选项。选择“Output”选项卡，按照图4-18所示的设置要求，设置“Format”选项，使用C-SPY进行调试。选择“Extra Output”选项卡，更改输出文件名的扩展名为“.hex”，将“Output format”设置为“intel-extended”，单击“OK”按钮完成设置，重新编译程序，会生成hex文件，路径为工程路径下的“...\Debug\Exe\”。

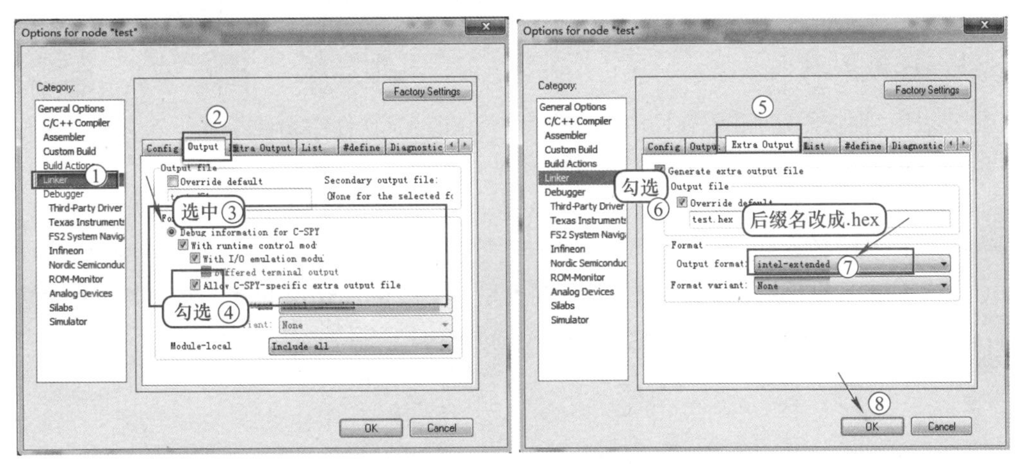

图4-18 “Output”选项卡配置输出hex文件

（3）烧录hex文件

打开TI SmartRF Flash Programmer软件，按图4-19所示的操作，hex文件路径为“...\Debug\Exe\”。

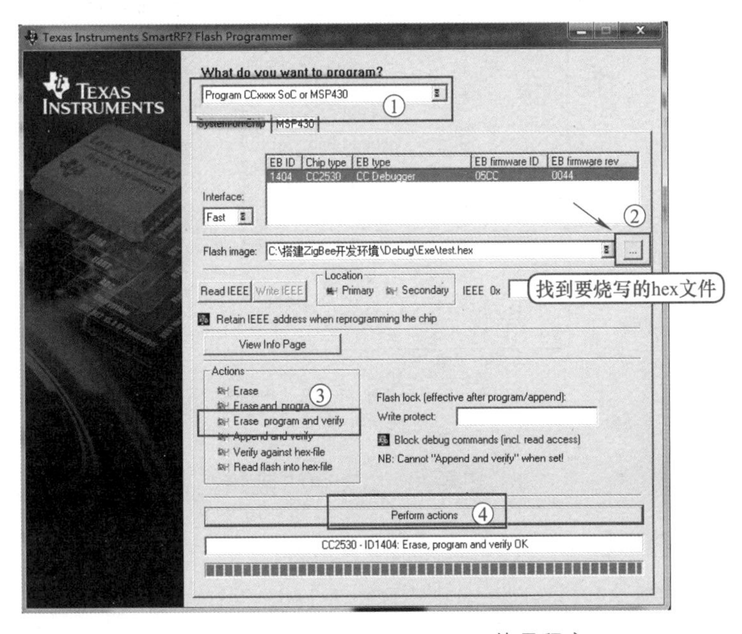

图4-19 SmartRF Flash Programmer烧录程序

到此，既可以在IAR环境中烧录程序，并仿真调试程序；又可以使用SmartRF Flash Programmer软件把hex文件烧录到CC2530芯片中。

4.3 任务2 控制LED交替闪烁

4.3.1 任务要求

把ZigBee模块固定在NEWLab实训平台上，在IAR软件中新建工程和源文件，编写程序，控制ZigBee模块上的LED1和LED2两个发光二极管交替闪烁。

4.3.2 知识链接

CC2530单片机采用QFN40封装，外观上是一个边长为6mm的正方形芯片，每个边上有10个引脚，总共40个引脚。CC2530芯片引脚如图4-20所示。

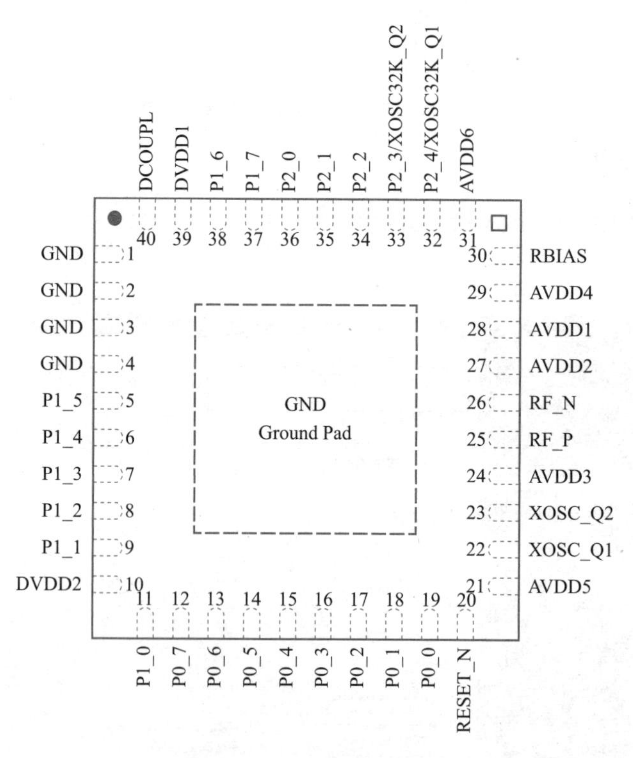

图4-20 CC2530芯片引脚

1. CC2530引脚功能

CC2530拥有21个I/O端口，分别由P0、P1和P2组成，其中P0和P1是8位，P2只有5位。通过对相关寄存器进行设置，可以把这些引脚配置成普通的数字I/O，或者配置成ADC、定时器/计数器、USART等外围设备I/O端口。全部引脚可分为I/O端口线引脚、电源线引脚和控制线引脚三种类型。

（1）I/O端口线引脚功能

- 除P0_0和P0_1引脚具有20mA驱动能力外，其他19个引脚（P0_2~P0_7、P1和P2）仅有4mA驱动能力（驱动能力是指芯片引脚输出电流的能力）；
- 全部21个数字I/O端口在输入时有上拉或下拉功能；

外设I/O引脚分布见表4-1。

（2）电源线引脚功能

- AVDD1~6为模拟电源引脚，与2~3.6V模拟电源相连；
- DVDD1~2为数字电源引脚，与2~3.6V数字电源相连；
- DCOUPL为数字电源引脚，1.8V数字电源退耦，不需要外接电路；
- GND为接地引脚，芯片底部的大焊盘必须接到PCB的接地层。

表4-1 外设I/O引脚分布

外设功能	P0								P1								P2				
	7	6	5	4	3	2	1	0	7	6	5	4	3	2	1	0	4	3	2	1	0
ADC	A7	A6	A5	A4	A3	A2	A1	A0													
USART0_SPI Alt2			C	SS	MO	MI															
											MO	MI	C	SS							
USART0_UART Alt2			RT	CT	TX	RX															
											TX	RX	RT	CT							
USART1_SPI Alt2			MI	MO	C	SS															
									MI	MO	C	SS									
USART1_UART Alt2			RX	TX	RT	CT															
									RX	TX	RT	CT									
TIMER1 Alt2		4	3	2	1	0															
	3	4												0	1	2					
TIMER3 Alt2												1	0								
									1	0											
TIMER4 Alt2															1	0					
																		1			0
32KHz XOSC																	Q1	Q2			
DEBUG																			DC	DD	

（3）控制线引脚功能

- RESET_N为复位引脚，低电平有效；

- XOSC_Q2为32MHz的晶振引脚2；
- XOSC_Q1为32MHz的晶振引脚1，或作为外部时钟输入引脚；
- RBIAS用于连接提供基准电流的外接精密偏置电阻；
- P2_3/XOSC32K_Q2要么为P2_3数字I/O端口，要么为32.768kHz晶振引脚；
- P2_4/XOSC32K_Q1要么为P2_4数字I/O端口，要么为32.768kHz晶振引脚；
- RF_N在接收期间，向LNA输入负向射频信号；在发射期间，接收来自PA的输入负向射频信号；
- RF_P在接收期间，向LNA输入正向射频信号；在发射期间，接收来自PA的输入正向射频信号。

2．CC2530的GPIO接口寄存器

通过对相应寄存器的配置，可以使CC2530芯片的21个I/O端口作为通用数字I/O端口或ADC、USART等外设的各种特殊功能I/O端口，这里主要介绍这些I/O端口作为通用数字I/O端口的寄存器及其配置方法，见表4-2。

表4-2　通用数字I/O端口相关寄存器

P0 (0x80) - Port 0				
位	名称	复位	读/写	描述
7:0	P0[7:0]	0xFF	R/W	可用作GPIO或外设I/O，8位，可位寻址
P1 (0x90) - Port 1				
位	名称	复位	读/写	描述
7:0	P1[7:0]	0xFF	R/W	可用作GPIO或外设I/O，8位，可位寻址
P2 (0xA0) - Port 2				
位	名称	复位	读/写	描述
7:5	-	000	R0	高3位（P2_7—P2_5）没有使用
4:0	P2[4:0]	0x1F	R/W	可用作GPIO或外设I/O，低5位（P2_4—P2_0），可位寻址
P0SEL (0xF3) - P0端口功能选择（Port 0 Function Select）				
位	名称	复位	读/写	描述
7:0	SELP0_[7:0]	0x00	R/W	P0.7—P0.0功能选择位：0 为GPIO，1为外设I/O
P1SEL (0xF4) - P1端口功能选择（Port 1-Function Select）				
位	名称	复位	读/写	描述
7:0	SELP1_[7:0]	0x00	R/W	P1.7—P1.0功能选择位：0 为GPIO，1为外设I/O
P2SEL (0xF5) - P2端口功能选择和P1端口外设优先级控制（Port 2 Function Select and Port 1 peripheral priority control）				
位	名称	复位	读/写	描述
7	-	0	R0	没有使用
6	PRI3P1	0	R/W	P1端口外设优先级控制位。当PERCFG同时分配USART0和USART1用到同一引脚时，该位决定其优先级顺序。 0为USART0优先；1为USART1优先
5	PRI2P1	0	R/W	P1端口外设优先级控制位。当PERCFG同时分配USART1和Timer3用到同一引脚时，该位决定其优先级顺序。 0为USART1优先；1为Timer3优先

（续）

位	名称	复位	读/写	描述
4	PRI1P1	0	R/W	P1端口外设优先级控制位。当PERCFG同时分配Timer1和Timer4用到同一引脚时，该位决定其优先级顺序。 0为Timer1优先；1为Timer4优先
3	PRI0P1	0	R/W	P1端口外设优先级控制位。当PERCFG同时分配USART0和Timer1用到同一引脚时，该位决定其优先级顺序。 0为USART0优先；1为Timer1优先
2	SELP2_4	0	R/W	P2_4功能选择位：0为GPIO，1为外设I/O
1	SELP2_3	0	R/W	P2_3功能选择位：0为GPIO，1为外设I/O
0	SELP2_0	0	R/W	P2_0功能选择位：0为GPIO，1为外设I/O

P0DIR (0xFD) – P0端口方向（Port 0 Direction）

位	名称	复位	读/写	描述
7:0	DIRP0_[7:0]	0x00	R/W	P0_7—P0_0方向选择位：0为输入，1为输出

P1DIR (0xFE) – P1端口方向（Port 1 Direction）

位	名称	复位	读/写	描述
7:0	DIRP1_[7:0]	0x00	R/W	P1_7—P1_0方向选择位：0为输入，1为输出

P2DIR (0xFF) – P2端口方向和P0端口外设优先级控制
（Port 2 Direction and Port 0 peripheral priority control）

位	名称	复位	读/写	描述
7:6	PRIP0[1:0]	00	R/W	P0端口外设优先级控制位。当PERCFG同时分配几个外设用到同一引脚时，该两位决定其优先级顺序。 00为USART0高于USART1 01为USART1高于Timer1 10为Timer1通道0、1高于USART1 11为Timer1通道2高于USART0
5	–	0	R0	没有使用
4:0	DIRP2_[4:0]	0 0000	R/W	P2_4—P2_0方向选择位：0为输入，1为输出

P0INP (0x8F) – P0端口输入模式（Port 0 Input Mode）

位	名称	复位	读/写	描述
7:0	MDP0_[7:0]	0x00	R/W	P0_0—P0_7输入选择位：0为上拉/下拉，1为三态

P1INP (0xF6) – P1端口输入模式（Port 1 Input Mode）

位	名称	复位	读/写	描述
7:2	MDP1_[7:2]	000000	R/W	P1_7—P1_2输入选择位：0为上拉/下拉，1为三态
1:0	–	00	R0	没有使用

P2INP (0xF7) – P2端口输入模式（Port 2 Input Mode）

位	名称	复位	读/写	描述
7	PDUP2	0	R/W	对所有P2端口设置上拉/下拉输入：0为上拉，1为下拉
6	PDUP1	0	R/W	对所有P1端口设置上拉/下拉输入：0为上拉，1为下拉
5	PDUP0	0	R/W	对所有P0端口设置上拉/下拉输入：0为上拉，1为下拉
4:0	MDP2_[4:0]	0 0000	R/W	P2_4—P2_0输入选择位：0为上拉/下拉，1为三态

由以上寄存器表格可知，I/O端口的设置步骤如下。

（1）功能选择

对寄存器PxSEL（其中x为0～2）设置，0 为GPIO，1为外设I/O。

有两点需要注意：

① 复位之后，寄存器PxSEL所有位为0，即默认为GPIO；

② P2端口中，P2_4、P2_3、P2_0三个引脚具有GPIO或外设I/O双重功能，而P2_2和P2_1除具有DEBUG功能外，仅有GPIO功能，无外设I/O功能。

（2）方向选择

对寄存器PxDIR（其中x为0～2）设置，0 为输入，1为输出。

有两点需要注意：

① 复位之后，寄存器PxDIR所有位为0，即默认为输入；

② P2端口仅有 P2DIR_[4:0] 五个引脚可以设置输入或输出。

【例4-1】P0端口的低4位配置为数字输出功能，高4位配置为数字输入功能。

解：第1步，功能选择。设置P0端口为GPIO，所以P0SEL &=～0xFF，当然也可以使P0SEL=0x00。但是一般情况下，要使某位为0，用"&=～"运算表达式；要使某位为1，用"|="运算表达式。注意：运算表达式右边都是高电平（或1）有效。

第2步，方向选择。先设置低4位为输出功能，则P0DIR|=0x0F；再设置高4位为输入功能，则P0DIR &=～0xF0。

4.3.3 任务实施

1．分析LED电路

ZigBee模块上的LED电路如图4-21所示，LED1和LED2分别由P1_0和P1_1控制，这些端口为高电平时，发光二极管方能被点亮。

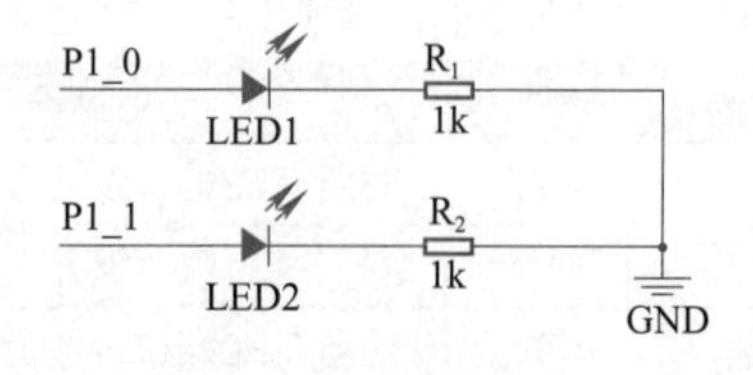

图4-21 LED电路

2. I/O接口设置

1）I/O端口功能选择。将P1_0和P1_1配置为GPIO，即：P1SEL &=~0x03。其实也不用配置，因为芯片复位时，默认为GPIO。

2）I/O端口方向选择。将P1_0和P1_1配置输出方式，即：P1DIR|=0x03。

3. 新建工作区、工程和源文件，并对工程进行相应配置

操作方法详见4.2节。

4. 编写、分析、调试程序

1）编写程序。在编程窗口输入如下代码：

```
1.  #include <ioCC2530.h>
2.  #define LED1    P1_0                //P1_0端口控制LED1发光二极管
3.  #define LED2    P1_1                //P1_1端口控制LED2发光二极管
4.  //*************************************************************************
5.  void delay(unsigned int i)
6.  {   unsigned int j,k;
7.      for(k=0;k<i;k++)
8.      {
9.          for(j=0;j<500;j++);
10.     }
11. }
12. //*************************************************************************
13. void main(void)
14. {  P1SEL &=~0x03;                   //设置P1_0端口和P1_1端口为GPIO
15.    P1DIR |=0x03;                    //定义P1_0端口和P1_1端口为输出端口
16.    P1 &=~0x03;                      //关闭LED1和LED2
17.    while(1)
18.    {
19.         LED1 = 1;                   //点亮LED1
20.         LED2 = 0;                   //关闭LED2
21.         delay(1000);                //延时
22.         LED1 = 0;                   //关闭LED1
23.         LED2 = 1;                   //点亮LED2
24.         delay(1000);                //延时
25.    }
26. }
```

2）编译、下载程序。编译无错后，下载程序，可以看到两个LED灯交替闪烁。

4.4 任务3 外部中断控制LED亮灭

4.4.1 任务要求

采用外部中断方式，当第1次按下SW1键时，LED1亮；第2次按下SW1键时，LED2亮；第3次按下SW1键时，LED1和LED2全灭；再次按下SW1键时，LED灯重复上述状态。

4.4.2 知识链接

1．中断的概念

“中断”即打断，是指CPU在执行当前程序时，由于系统中出现了某种急需处理的情况，CPU暂停正在执行的程序，转而去执行另一段特殊程序来处理出现的紧急事务，处理结束后CPU自动返回到原先暂停的程序中去继续执行。这种程序在执行过程中由于外界的原因而被中间打断的情况称为中断。

2．中断的作用

中断使得计算机系统具备应对突发事件的能力，提高了CPU的工作效率。如果没有中断系统，CPU就只能按照程序编写的先后次序，对各个外设进行依次查询和处理，即轮询工作方式。轮询方式貌似公平，但实际工作效率却很低，且不能及时响应紧急事件。

采用中断技术后，可以为计算机系统带来以下好处。

（1）实现分时操作

速度较快的CPU和速度较慢的外设可以各做各的事情，外设可以在完成工作后再与CPU进行交互，而不需要CPU去等待外设完成工作，能够有效提高CPU的工作效率。

（2）实现实时处理

在控制过程中，CPU能够根据当时情况及时做出反应，实现实时控制的要求。

（3）实现异常处理

系统在运行过程中往往会出现一些异常情况，中断系统能够保证CPU及时知道出现的异常，以便CPU去解决这些异常，避免整个系统出现大的问题。

3．中断系统中的相关概念

在中断系统的工作过程中，还有以下几个与中断相关的概念需要了解。

（1）主程序

在发生中断前，CPU正常执行的处理程序。

（2）中断源

引起中断的原因，或是发出中断申请的来源。单片机一般具有多个中断源，如外部中断、定时/计数器中断或ADC中断等。

（3）中断请求

中断源要求CPU提供服务的请求。例如，ADC中断在进行ADC转换结束后，会向CPU提出中断请求，要求CPU读取A-D转换结果。中断源会使用某些特殊功能寄存器中的位来表示是否有中断请求，这些特殊位叫作中断标志位，当有中断请求出现时，对应标志位会被置位。

（4）断点

CPU响应中断后，主程序被打断的位置。当CPU处理完中断事件后，会返回到断点位置继续执行主程序。

（5）中断服务函数

CPU响应中断后所执行的相应处理程序，例如，ADC转换完成中断被响应后，CPU执行相应的中断服务函数，该函数实现的功能一般是从ADC结果寄存器中取走并使用转换好的数据。

（6）中断向量

中断服务程序的入口地址，当CPU响应中断请求时，会跳转到该地址去执行代码。

4．中断嵌套和中断优先级

当有多个中断源向CPU提出中断请求时，中断系统采用中断嵌套的方式来依次处理各个中断源的中断请求，如图4-22所示。

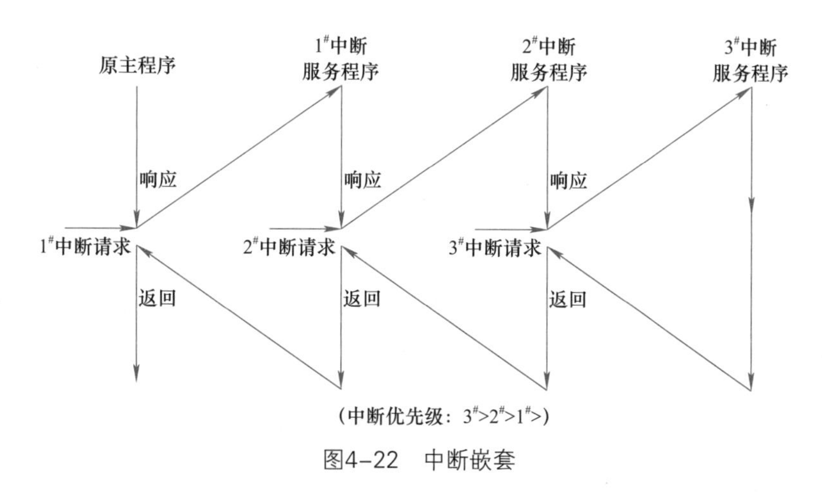

图4-22　中断嵌套

在中断嵌套过程中，CPU通过中断源的中断优先级来判断优先为哪个中断源服务。中断优先级高的中断源可以打断优先级低的中断源的处理过程，而同级别或低级别的中断源请求不会打断正在处理的中断服务函数，要等到CPU处理完当前的中断请求，才能继续响应后续中断请求。为便于灵活运用，单片机各个中断源的优先级通常是可以通过编程设定的。

5. CC2530中断源

CC2530具有18个中断源，每个中断源基本概况见表4-3。

表4-3　CC2530中断源概览

中断号码	描述	中断名称	中断向量	中断使能位	中断标志位
0	RF发送FIFO队列空或RF接收FIFO队列溢出	RFERR	03H	IEN0.RFERRIE	TCON.RFERRIF
1	ADC转换结束	ADC	0BH	IEN0.ADCIE	TCON.ADCIF
2	USART0 RX完成	URX0	13H	IEN0.URX0IE	TCON.URX0IF
3	USART1 RX完成	URX1	1BH	IEN0.URX1IE	TCON.URX1IF
4	AES加密/解密完成	ENC	23H	IEN0.ENCIE	S0CON.ENCIF
5	睡眠定时器比较	ST	2BH	IEN0.STIE	IRCON.STIF
6	P2输入/USB	P2INT	33H	IEN2.P2IE	IRCON2.P2IF
7	USART0 TX完成	UTX0	3BH	IEN2.UTX0IE	IRCON2.UTX0IF
8	DMA传送完成	DMA	43H	IEN1.DMAIE	IRCON.DMAIF
9	定时器1（16位）捕获/比较/溢出	T1	4BH	IEN1.T1IE	IRCON.T1IF
10	定时器2中断	T2	53H	IEN1.T2IE	IRCON.T2IF
11	定时器3（8位）捕获/比较/溢出	T3	5BH	IEN1.T3IE	IRCON.T3IF
12	定时器4（8位）捕获/比较/溢出	T4	63H	IEN1.T4IE	IRCON.T4IF
13	P0输入	P0INT	6BH	IEN1.P0IE	IRCON.P0IF
14	USART1 TX完成	UTX1	73H	IEN2.UTX1IE	IRCON2. UTX1IF
15	P1输入	P1INT	7BH	IEN2.P1IE	IRCON2. P1IF
16	RF通用中断	RF	83H	IEN2.RFIE	S1CON. RFIF
17	看门狗计时溢出	WDT	8BH	IEN2.WDTIE	IRCON2. WDTIF

中断使能位可以由中断名称+IE组合而成，例如：IEN0. ADCIE，ADC为中断名称；同样，中断标志位也可以由中断名称+IF组合而成，例如：TCON. ADCIF。

6. CC2530中断使能

（1）中断使能相关寄存器

每个中断源要产生中断请求，就必须设置IEN0、IEN1或IEN2中断使能寄存器（见表4-4）。

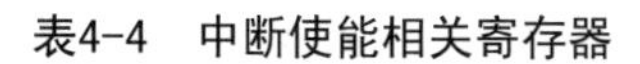

表4-4　中断使能相关寄存器

IEN0 (0xA8) - 中断使能寄存器0（Interrupt Enable 0）

位	名称	复位	读/写	描述
7	EA	0	R/W	总中断使能：0 禁止所有中断；1 使能所有中断
6	-	0	R0	没有使用
5	STIE	0	R/W	睡眠定时器中断使能：0 中断禁止；1 中断使能
4	ENCIE	0	R/W	AES加密/解密中断使能：0 中断禁止；1 中断使能
3	URX1IE	0	R/W	USART1 RX中断使能：0 中断禁止；1 中断使能
2	URX0IE	0	R/W	USART0 RX中断使能：0 中断禁止；1 中断使能
1	ADCIE	0	R/W	ADC中断使能：0 中断禁止；1 中断使能
0	RFERRIE	0	R/W	RF TX/RX FIFO中断使能：0 中断禁止；1 中断使能

IEN1 (0xB8) - 中断使能寄存器1（Interrupt Enable 1）

位	名称	复位	读/写	描述
7:6	-	00	R0	没有使用
5	P0IE	0	R/W	P0端口中断使能：0 中断禁止；1 中断使能
4	T4IE	0	R/W	定时器4中断使能：0 中断禁止；1 中断使能
3	T3IE	0	R/W	定时器3中断使能：0 中断禁止；1 中断使能
2	T2IE	0	R/W	定时器2中断使能：0 中断禁止；1 中断使能
1	T1IE	0	R/W	定时器1中断使能：0 中断禁止；1 中断使能
0	DMAIE	0	R/W	DMA传输中断使能：0 中断禁止；1 中断使能

IEN2 (0x9A) - 中断使能寄存器2（Interrupt Enable 2）

位	名称	复位	读/写	描述
7:6	-	00	R0	没有使用
5	WDTIE	0	R/W	看门狗定时器中断使能：0 中断禁止；1 中断使能
4	P1IE	0	R/W	P1端口中断使能：0 中断禁止；1 中断使能
3	UTX1IE	0	R/W	USART1 TX中断使能：0 中断禁止；1 中断使能
2	UTX0IE	0	R/W	USART0 TX中断使能：0 中断禁止；1 中断使能
1	P2IE	0	R/W	P2端口中断使能：0 中断禁止；1 中断使能
0	RFIE	0	R/W	RF一般中断使能：0 中断禁止；1 中断使能

上述IEN0、IEN1和IEN2中断使能寄存器分别禁止或使能CC2530芯片的18个中断源响

应，以及总中断IEN0.EA禁止或使能位。

但对于P0、P1和P2端口来说，每个GPIO引脚都可以作为外部中断输入端口，除了使能对应端口中断外（即：IEN1.P0IE、IEN2.P1IE和IEN2.P2IE为0），还需要使能对应端口的位中断，各端口位中断相关寄存器见表4-5。

表4-5 各端口位中断相关寄存器

P0IEN (0xAB) - P0端口中断屏蔽（Port 0 Interrupt Mask）				
位	名称	复位	读/写	描述
7:0	P0_[7:0]IEN	0x00	R/W	P0_7—P0_0的中断使能：0 中断禁止；1 中断使能
P1IEN (0x8D) - P1端口中断屏蔽（Port 1 Interrupt Mask）				
位	名称	复位	读/写	描述
7:0	P1_[7:0]IEN	0x00	R/W	P1_7—P1_0的中断使能：0 中断禁止；1 中断使能
P2IEN (0xAC) - P2端口中断屏蔽（Port 2 Interrupt Mask）				
位	名称	复位	读/写	描述
7:6	-	00	R0	未使用
5	DPIEN	0	R/W	USB D+中断使能
4:0	P2_[4:0]IEN	0	0000	P2_4—P2_0的中断使能：0 中断禁止；1 中断使能
PICTL (0x8C) - I/O端口中断控制（Port Interrupt Control）				
位	名称	复位	读/写	描述
7	PADSC	0	R/W	I/O引脚在输出模式下的驱动能力控制
6:4	-	000	R0	未使用
3	P2ICON	0	R/W	P2_4—P2_0的中断配置： 0 上升沿产生中断；1下降沿产生中断
2	P1ICONH	0	R/W	P1_7—P1_4的中断配置： 0 上升沿产生中断；1下降沿产生中断
1	P1ICONL	0	R/W	P1_3—P1_0的中断配置： 0 上升沿产生中断；1下降沿产生中断
0	P0ICON	0	R/W	P0_7—P0_0的中断配置： 0 上升沿产生中断；1下降沿产生中断

（2）中断使能的步骤

① 开总中断，设置总中断为1，即IEN0.EA=1。

② 开中断源，设置IEN0、IEN1和IEN2寄存器中相应中断使能位为1。

③ 若是外部中断，还需设置P0IEN、P1IEN或P2IEN中的对应引脚位中断使能位为1。

④ 在PICTL寄存器中设置P0、P1或P2中断是上升沿触发还是下降沿触发。

【例4-2】P1端口的低4位配置为外部中断输入，且下降沿产生中断，如何初始化?

解：第1步，开总中断。IEN0|=0x80或EA=1，因为IEN0寄存器支持位寻址。具体哪些寄存器支持位寻址，请查阅iocc2530.h文件。

第2步，开中断源。IEN2|=0x10。IEN2寄存器的第4位对应是P1端口中断使能位。

第3步，外部中断位使能。P1IEN|=0x0F。P1端口低4位中断使能。

第4步，触发方式设置。PICTL|=0x02。P1端口低4位下降沿触发中断。

7. CC2530中断响应

当中断发生时，只有总中断和中断源都被使能（对于外部中断，还需使能对应的引脚位中断），CPU才会进入中断服务程序，进行中断处理。但是不管中断源有没有被使能，硬件都会自动把该中断源对应的中断标志设置为1。中断标志位相关寄存器见表4-6。

表4-6 中断标志位相关寄存器

TCON (0x88)–中断标志寄存器（Interrupt Flags）

位	名称	复位	读/写	描述
7	URX1IF	0	R/WH0	USART1 RX中断标志位。当该中断发生时，该位被置1；且当CPU指令进入中断服务程序时，该位被清零 0：无中断未决；1：中断未决
6	–	0	R/W	未使用
5	ADCIF	0	R/WH0	ADC中断标志位。当该中断发生时，该位被置1；且当CPU指令进入中断服务程序时，该位被清零 0：无中断未决；1：中断未决
4	–	0	R/W	没有使用
3	URX0IF	0	R/WH0	USART0 RX中断标志位。当该中断发生时，该位被置1；且当CPU指令进入中断服务程序时，该位被清零 0：无中断未决；1：中断未决
2	IT1	1	R/W	保留。必须一直设置为1。设置为0将使能低级别中断探测
1	RFERRIF	0	R/WH0	RF TX/RX FIFO中断标志位。当该中断发生时，该位被置1；且当CPU指令进入中断服务程序时，该位被清零 0：无中断未决；1：中断未决
0	IT0	1	R/W	保留。必须一直设置为1。设置为0将使能低级别中断探测

（续）

SOCON (0x98) - 中断标志位寄存器2（Interrupt Flags 2）				
位	名称	复位	读/写	描述
7:2	-	0000	R/W	没有使用
1	ENCIF_1	0	R/W	AES中断。ENC有ENCIF_1和ENCIF_0两个标志位，设置其中一个标志位就会请求中断服务，当AES协处理器请求中断时，该两个标志位都被置1 0：无中断未决；1：中断未决
0	ENCIF_0	0	R/W	AES中断。ENC有ENCIF_1和ENCIF_0两个标志位，设置其中一个标志位就会请求中断服务，当AES协处理器请求中断时，该两个标志位都被置1 0：无中断未决；1：中断未决
S1CON (0x9B) - 中断标志位寄存器3（Interrupt Flags 3）				
位	名称	复位	读/写	描述
7:2	-	0000	R/W	没有使用
1	RFIF_1	0	R/W	RF一般中断。RF有RFIF _1和RFIF _0两个标志位，设置其中一个标志位就会请求中断服务，当无线设备请求中断时，该两个标志位都被置1 0：无中断未决；1：中断未决
0	RFIF_0	0	R/W	RF一般中断。RF有RFIF _1和RFIF _0两个标志位，设置其中一个标志位就会请求中断服务，当无线设备请求中断时，该两个标志位都被置1 0：无中断未决；1：中断未决
IRCON (0xC0) - 中断标志位寄存器4（Interrupt Flags 4）				
位	名称	复位	读/写	描述
7	STIF	0	R/W	睡眠定时器中断标志位。0：无中断未决；1：中断未决
6	-	0	R/W	必须写为0。写入1总是使能中断源
5	P0IF	0	R/W	P0端口中断标志位。0：无中断未决；1：中断未决
4	T4IF	0	R/WH0	定时器4中断标志位。当定时器4发生中断时设置为1并且当CPU指令进入中断服务程序时，该位被清零 0：无中断未决；1：中断未决
3	T3IF	0	R/WH0	定时器3中断标志位。当定时器3发生中断时设置为1并且当CPU指令进入中断服务程序时，该位被清零 0：无中断未决；1：中断未决
2	T2IF	0	R/WH0	定时器2中断标志位。当定时器2发生中断时设置为1并且当CPU指令进入中断服务程序时，该位被清零 0：无中断未决；1：中断未决

（续）

IRCON (0xC0) – 中断标志位寄存器4（Interrupt Flags 4）				
位	名称	复位	读/写	描述
1	T1IF	0	R/WH0	定时器1中断标志位。当定时器1发生中断时设置为1并且当CPU指令进入中断服务程序时，该位被清零 0：无中断未决；1：中断未决
0	DMAIF	0	R/W	DMA传输完成中断标志位。0：无中断未决；1：中断未决
IRCON2 (0xE8) – 中断标志位寄存器5（Interrupt Flags 5）				
位	名称	复位	读/写	描述
7:5	–	000	R/W	没有使用
4	WDTIF	0	R/W	看门狗定时器中断标志位。0：无中断未决；1：中断未决
3	P1IF	0	R/W	P1端口中断标志位。0：无中断未决；1：中断未决
2	UTX1IF	0	R/W	USART1 TX中断标志位。0：无中断未决；1：中断未决
1	UTX0IF	0	R/W	USART0 TX中断标志位。0：无中断未决；1：中断未决
0	P2IF	0	R/W	P2端口中断标志位。0：无中断未决；1：中断未决
P0IFG (0x89) – P0端口中断状态标志（Port 0 Interrupt Status Flag）				
位	名称	复位	读/写	描述
7:0	P0IF[7:0]	0x00	R/W	P0_7—P0_0引脚输入中断标志位，当端口有中断申请发生时，对应端口中断标志位被置1
P1IFG (0x8A) – P1端口中断状态标志（Port 1 Interrupt Status Flag）				
位	名称	复位	读/写	描述
7:0	P1IF[7:0]	0x00	R/W	P1_7—P1_0引脚输入中断标志位，当端口有中断申请发生时，对应端口中断标志位被置1
P2IFG (0x8B) – P2端口中断状态标志（Port 2 Interrupt Status Flag）				
位	名称	复位	读/写	描述
7:5	–	000	R0	高3位（P2_7—P2_5）没有使用
4:0	P2IF[4:0]	0x00	R/W	P2_4—P2_0引脚输入中断标志位，当端口有中断申请发生时，对应端口中断标志位被置1

8．CC2530中断处理

在中断源使能的条件下，当中断发生时，则CPU就指向中断向量地址，进入中断服务函数。在iocc2530.h文件中有中断向量的定义，如下所示。

```
1.  #define  RFERR_VECTOR VECT(  0, 0x03 )  /* RF TX FIFO Underflow and RX FIFO Overflow */
2.  #define  ADC_VECTOR   VECT(  1, 0x0B )  /*  ADC End of Conversion */
3.  #define  URX0_VECTOR  VECT(  2, 0x13 )  /*  USART0 RX Complete  */
4.  #define  URX1_VECTOR  VECT(  3, 0x1B )  /*  USART1 RX Complete  */
5.  #define  ENC_VECTOR   VECT(  4, 0x23 )  /*  AES Encryption/Decryption Complete*/
```

```
6. #define ST_VECTOR   VECT( 5, 0x2B )   /* Sleep Timer Compare  */
7. ...... //总共18个中断源
```

9．CC2530中断优先级

一旦中断服务开始，就只能被更高优先级的中断打断，不允许被较低级别或同级的中断打断。中断组合成为6个中断优先级组，18个中断源分组情况见表4-7。

表4-7　中断源分组情况

组	中断源		
中断第0组（IPG0）	RFERR	RF	DMA
中断第1组（IPG1）	ADC	T1	P2INT
中断第2组（IPG2）	URX0	T2	UTX0
中断第3组（IPG3）	URX1	T3	UTX1
中断第4组（IPG4）	ENC	T4	P1INT
中断第5组（IPG5）	ST	P0INT	WDT

每组的优先级通过设置寄存器IP0和IP1来实现，见表4-8和表4-9。

表4-8　中断优先级相关寄存器

IP0 (0xA9) － 中断优先级寄存器0（Interrupt Priority 0）				
位	名称	复位	读/写	描述
7:6	—	00	R/W	不使用
5	IP0_IPG5	0	R/W	中断第5组，优先级控制位0
4	IP0_IPG4	0	R/W	中断第4组，优先级控制位0
3	IP0_IPG3	0	R/W	中断第3组，优先级控制位0
2	IP0_IPG2	0	R/W	中断第2组，优先级控制位0
1	IP0_IPG1	0	R/W	中断第1组，优先级控制位0
0	IP0_IPG0	0	R/W	中断第0组，优先级控制位0
IP1 (0xB9) － 中断优先级寄存器1（Interrupt Priority 1）				
位	名称	复位	读/写	描述
7:6	—	00	R/W	不使用
5	IP1_IPG5	0	R/W	中断第5组，优先级控制位1
4	IP1_IPG4	0	R/W	中断第4组，优先级控制位1
3	IP1_IPG3	0	R/W	中断第3组，优先级控制位1
2	IP1_IPG2	0	R/W	中断第2组，优先级控制位1
1	IP1_IPG1	0	R/W	中断第1组，优先级控制位1
0	IP1_IPG0	0	R/W	中断第0组，优先级控制位1

表4-9 优先级设置

IP1_ IPGx（x=0～5）	IP0_ IPGx（x=0～5）	优先级	
0	0	0（最低优先级）	低
0	1	1	↓
1	0	2	↓
1	1	3（最高优先级）	高

例如：当IP1=0x01、IP0=0x03时，即第0组：IP1_IPG0=1，IP0_IPG0=1；第1组：IP1_IPG1=0，IP0_IPG1=1；第2组：IP1_IPG2=0，IP0_IPG2=0；第3组：IP1_IPG3=0，IP0_IPG3=0；第4组：IP1_IPG4=0，IP0_IPG4=0；第5组：IP1_IPG5=0，IP0_IPG5=0；说明第0组的中断优先级为最高（3级）、第1组的中断优先级为次高（1级），其他组的中断优先级为最低优先级（0级）。

当同时收到几个相同优先级的中断请求时，采取轮询方式来判定哪个中断优先响应，中断轮询顺序见表4-10。

表4-10 中断轮询顺序

优先组别	中断向量编号	中断名称	轮询顺序
中断第0组（IPG0）	0	RFERR	↓
	16	RF	
	8	DMA	
中断第1组（IPG1）	1	ADC	
	9	T1	
	6	P2INT	
中断第2组（IPG2）	2	URX0	
	10	T2	
	7	UTX0	
中断第3组（IPG3）	3	URX1	
	11	T3	
	14	UTX1	
中断第4组（IPG4）	4	ENC	
	12	T4	
	15	P1INT	
中断第5组（IPG5）	11	ST	
	5	P0INT	
	17	WDT	

【例4-3】P1端口输入中断优先级为最高（3级），串口0接收中断（URX0）优先级为2级，定时器1优先级为1级，如何初始化?

解：P1端口输入中断在第4组，URX0中断在第2组，定时器1中断在第1组。

则：IP1_IPG4=1，IP0_IPG4=1；IP1_IPG2=1，IP0_IPG2=0；IP1_IPG1=0，IP0_PG1=1；因此，IP1=0x14、IP0=0x11。

4.4.3 任务实施

1．分析按键和LED电路

ZigBee模块上的LED1和LED2分别与P1_0和P1_1相连，SW1与P1_2（KEY1）相连，如图4-23所示。

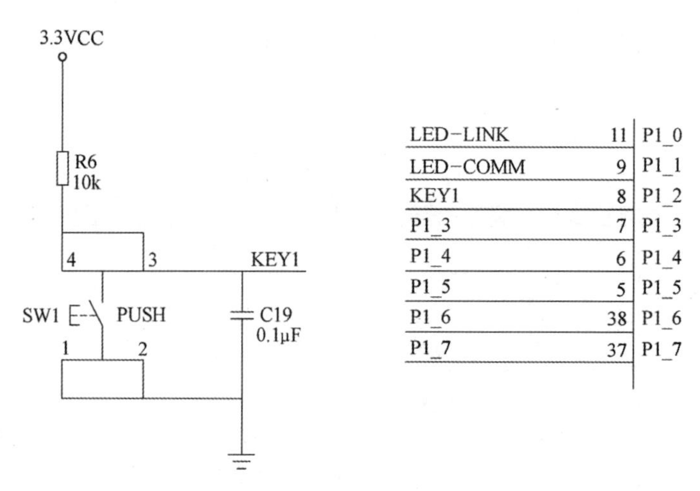

图4-23　按键电路

2．新建工作区、工程和源文件，并对工程进行相应配置

操作方法详见4.2节。

3．编写、分析、调试程序

1）编写程序。在编程窗口输入如下代码。

```
1.  #include <ioCC2530.h>
2.  #define   LED1   P1_0     //P1_0端口控制LED1发光二极管
3.  #define   LED2   P1_1     //P1_1端口控制LED1发光二极管
4.  #define   SW1    P1_2     //P1_2端口与按键SW1相连
5.  unsigned char count;      //用于计算按键按下次数
6.  //**************************************************************************
7.  void initial_gpio()
8.  {  P1SEL &=~0x07;         //设置P1_0、端口P1_1、端口P1_2端口为GPIO
```

```
9.      P1DIR |=0X03;                        //设置P1_0、端口P1_1端口为输出
10.     P1DIR &=~0X04;                       //设置P1_2端口为输入
11.     P1=0X00;                             //关闭LED灯
12.     P1INP &=~0X04;                       //P1_2端口为“上拉/下拉”模式
13.     P2INP &=~0X40;                       //对所有P1端口设置为“上拉”
14.  }
15.  //******************************************************************
16.  void initial_interrupt()
17.  {  EA = 1;                              //使能总中断
18.     IEN2 |=0X10;                         //使能P1端口中断源
19.     P1IEN |=0X04;                        //使能P1_2位中断
20.     PICTL |=0X02;                        //P1_2中断触发方式为：下降沿触发
21.  }
22.  //******************************************************************
23.  #pragma vector = P1INT_VECTOR
24.  __interrupt void P1_ISR(void)
25.  {    if(P1IFG==0x04)                    //判断P1_2端口是否产生中断
26.       {  count++;
27.          switch(count)
28.          {  case 1: LED1=1;break;          //点亮LED1
29.             case 2: LED2=1;break;          //点亮LED2
30.             default: P1=0X00;count=0x00;break;  //灭掉LED1~LED4，并把count清零
31.          }
32.       }
33.     P1IF = 0x00;                         //清除P1端口中断标志位
34.     P1IFG = 0x00;                        //清除P1_2端口中断标志位
35.  }
36.  //******************************************************************
37.  void main(void)
38.  {  initial_gpio();                      //GPIO初始化
39.     initial_interrupt();                 //中断初始化
40.     while(1);
41.  }
```

2）编译、下载程序。编译无错后，下载程序。

3）测试程序功能，第1次按下SW1键时，LED1点亮；第2次按下SW1键时，LED2点亮；第3次按下SW1键时，LED1和LED2都熄灭；第4次按下SW1键时，LED1点亮；这样依次循环，达到任务要求。

4．拓展

1）备有串口的ZigBee模块有4只LED，分别与CC2530的P1_0、P1_1、P1_3和P1_4相连，采用SW1控制4只LED循环点亮和熄灭，实现相同的功能要求。

2）采用ZigBee模块和NEWLab平台组成一个脉冲检测系统，把信号发生器的正脉冲输入到ZigBee模块的J13（P1_3），编写程序，当检测到正脉冲数量达到100个时，LED1点亮。

4.5 任务4 定时器1控制LED闪烁

4.5.1 任务介绍

采用定时器1，每隔5s使LED1闪烁1次。

4.5.2 知识链接

1．定时/计数器的概念

定时/计数器是一种能够对时钟信号或外部输入信号进行计数，当计数值达到设定要求时便向CPU提出处理请求，从而实现定时或计数功能的外设。在单片机中，一般使用Timer表示定时/计数器。

2．定时/计数器的作用

定时/计数器的基本功能是实现定时和计数，且在整个工作过程中不需要CPU进行过多参与，它的出现将CPU从相关任务中解放出来，提高了CPU的使用效率。例如，之前实现LED灯闪烁时采用的是软件延时方法，在延时过程中CPU通过执行循环指令来消耗时间，在整个延时过程中会一直占用CPU，降低了CPU的工作效率。若使用定时/计数器来实现延时，则在延时过程中CPU可以去执行其他工作任务。

CPU与定时/计数器之间的交互关系可用图4-24来表示。

单片机中的定时/计数器一般具有以下功能：

（1）定时器功能

对规定时间间隔的输入信号的个数进行计数，当计数值达到指定值时，说明定时时间已到。这是定时/计数器的常用功能，可用来实现延时或定时控制，其输入信号一般使用单片机内部的时钟信号。

（2）计数器功能

对任意时间间隔的输入信号的个数进行计数。一般用来对外界事件进行计数，其输入信号一般来自单片机外部开关型传感器，可用于生产线产品计数、信号数量统计和转速测量等方面。

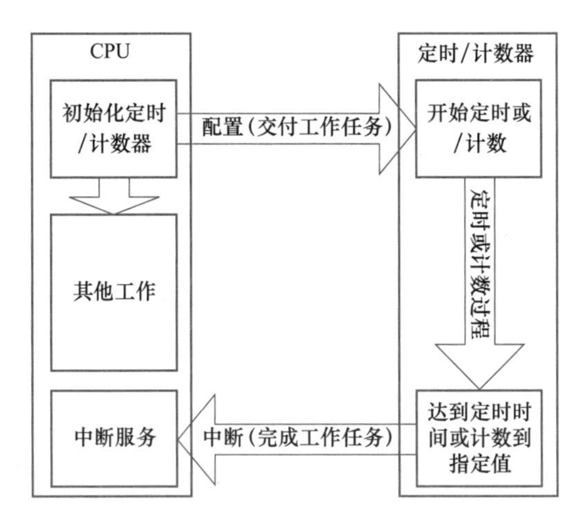

图4-24　CPU与定时/计数器之间的交互关系

（3）捕获功能

对规定时间间隔的输入信号的个数进行计数，当外界输入有效信号时，捕获计数器的计数值。通常用来测量外界输入脉冲的脉宽或频率，需要在外界输入信号的上升沿和下降沿进行两次捕获，通过计算两次捕获值的差值可以计算出脉宽或周期等信息。

（4）比较功能

当计数值与需要进行比较的值相同时，向CPU提出中断请求或改变I/O端口输出电平等操作。一般用于控制信号输出。

（5）PWM输出功能

对规定时间间隔的输入信号的个数进行计数，根据设定的周期和占空比从I/O端口输出控制信号。一般用来控制LED灯亮度或电机转速。

3．定时/计数器基本工作原理

无论使用定时/计数器的哪种功能，其最基本的工作原理是进行计数。定时/计数器的核心是一个计数器，可以进行加1（或减1）计数，每出现一个计数信号，计数器就自动加1（或自动减1），当计数值从最大值变成0（或从0变成最大值）溢出时定时/计数器便向CPU提出中断请求。计数信号的来源可选择周期性的内部时钟信号（如定时功能）或非周期性的外界输入信号（如计数功能）。

一个典型单片机的内部8位减1计数器工作过程可用图4-25进行表示。

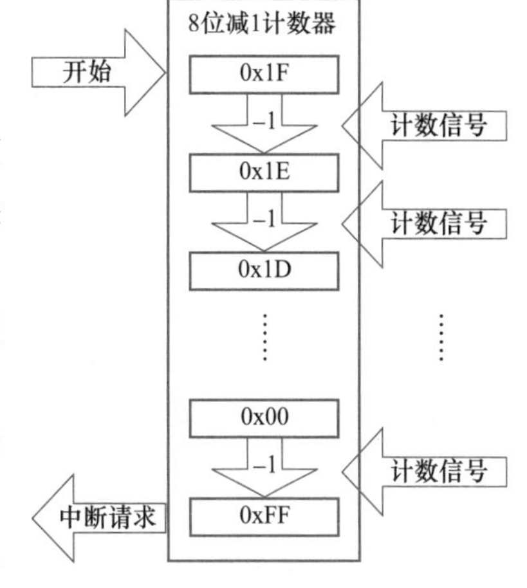

图4-25　8位减1计数器工作过程

4．CC2530的定时/计数器

CC2530中共包含了5个定时/计数器，分别是定时器1、定时器2、定时器3、定时器4和睡眠定时器。

（1）定时器1

定时器1是一个16位定时器，主要具有以下功能：

- 支持输入捕获功能，可选择上升沿、下降沿或任何边沿进行输入捕获；
- 支持输出比较功能，输出可选择设置、清除或切换；
- 支持PWM功能；
- 具有5个独立的捕获/比较通道，每个通道使用一个I/O引脚；
- 具有自由运行、模和正计数/倒计数三种不同工作模式；
- 具有可被1、8、32或128整除的时钟分频器，为计数器提供计数信号；
- 能在每个捕获/比较和最终计数上产生中断请求；
- 能触发DMA功能。

定时器1是CC2530中功能最全的一个定时/计数器，是在应用中被优先选用的对象。

（2）定时器2

定时器2主要用于为802.15.4 CSMA-CA算法提供定时，以及为802.15.4 MAC层提供一般的计时功能，也叫作MAC定时器，用户一般情况下不使用该定时器，在此不再对其进行详细介绍。

（3）定时器3和定时器4

定时器3和定时器4都是8位的定时器，主要具有以下功能：

- 支持输入捕获功能，可选择上升沿、下降沿或任何边沿进行输入捕获；
- 支持输出比较功能，输出可选择设置、清除或切换；
- 具有2个独立的捕获/比较通道，每个通道使用一个I/O引脚；
- 具有自由运行、倒计数、模和正计数/倒计数四种不同工作模式；
- 具有可被1、2、4、8、16、32、64或128整除的时钟分频器，为计数器提供计数信号；
- 能在每个捕获/比较和最终计数上产生中断请求；
- 能触发DMA功能。

定时器3和定时器4通过输出比较功能也可以实现简单的PWM控制。

（4）睡眠定时器

睡眠定时器是一个24位正计数定时器，运行在32KHz的时钟频率下，支持捕获/比较功能，能够产生中断请求和DMA触发。睡眠定时器主要用于设置系统进入和退出低功耗睡眠模式之间的周期，还用于低功耗睡眠模式时维持定时器2的定时。

5. CC2530定时器/计数器工作模式

CC2530的定时器1、定时器3和定时器4虽然使用的计数器计数位数不同，但它们都具备"自由运行""模"和"正计数/倒计数"三种不同的工作模式，定时器3和定时器4还具有单独的倒计数模式。此处以定时器1为例进行介绍。定时器1有三种工作模式，具体如下。

（1）自由运行模式（Free—Running Mode）

在该模式下，计数器从0x0000开始计数，每个分频后的时钟边沿增加1，当计数器达到0xFFFF时溢出，计数器载入0x0000，继续递增它的值，如图4-26所示。当达到最终计数值0xFFFF时，IRCON. T1IF和T1STAT. OVFIF两个标志位被置1，此时如果设置了相应的中断使能位T1MIF. OVFIM和IEN1. T1IE，将产生中断请求。自由运行模式可以用于产生独立的时间间隔，输出信号频率。

（2）模模式（Modulo Mode）

在该模式下，计数器从0x0000开始计数，每个分频后的时钟边沿增加1，当计数器达到T1CC0（由T1CC0H:T1CC0L组合）时溢出，计数器重新载入0x0000，继续递增它的值，如图4-27所示。当达到最终计数值T1CC0时，IRCON. T1IF和T1STAT. OVFIF两个标志位被置1，此时如果设置了相应的中断使能位T1MIF. OVFIM和IEN1. T1IE，将产生中断请求。如果定时器1的计数器开始于T1CC0以上的一个值，当达到最终计数值（0xFFFF）时，上述相应标志位被置1。模模式被用于周期不是0xFFFF的场合。

（3）正计数/倒计数模式（Up/Down Mode）

在该模式下，计数器反复从0x0000开始计数，正计数到T1CC0时，然后计数器将倒计数直到0x0000，如图4-28所示。当达到最终计数0x0000时，IRCON. T1IF和T1STAT. OVFIF两个标志位被置1，此时如果设置了相应的中断使能位T1MIF. OVFIM和IEN1. T1IE，将产生中断请求。这种模式被用于周期为对称输出脉冲或允许中心对齐的PWM输出应用，而非周期为0xFFFF的场合。

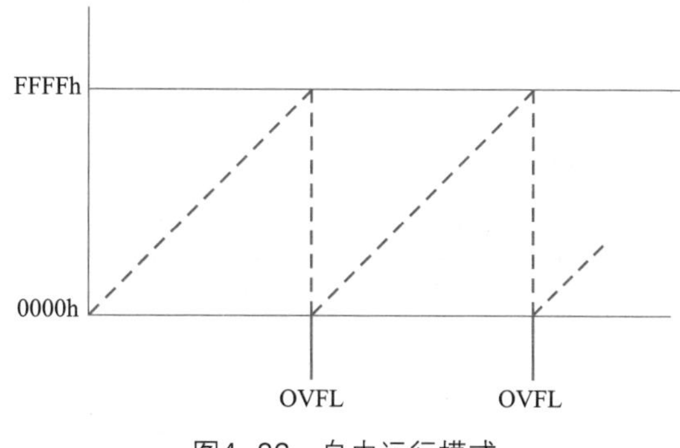

图4-26　自由运行模式

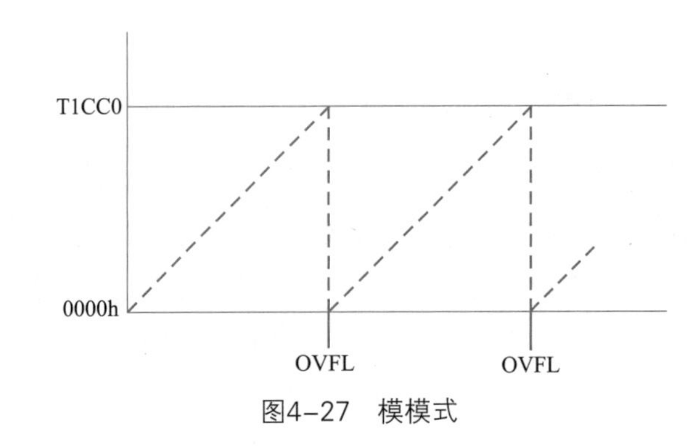

图4-27　模模式

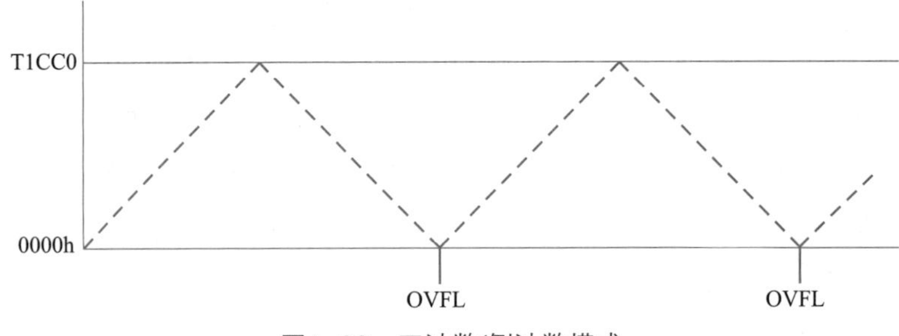

图4-28　正计数/倒计数模式

6. T1定时器相关寄存器

定时器1具有定时、输入采样和输出比较（PWM）三大功能，在这里主要介绍与定时相关的寄存器，具体描述见表4-11。

表4-11　定时器1定时相关寄存器

T1CNTH (0xE3) - 定时器 1 计数器高位（Timer 1 Counter High）				
位	名称	复位	读/写	描述
7:0	CNT[15:8]	0x00	R	定时器1计数器高8位字节。包含在读取T1CNTL时，16位定时器的高字节被缓存
T1CNTL (0xE2) - 定时器 1 计数器低位（Timer 1 Counter Low）				
位	名称	复位	读/写	描述
7:0	CNT[7:0]	0x00	R/W	定时器1计数器低8字节。往该寄存器中写任何值，导致计数器被清除为 0x0000，初始化所有通道的输出引脚
T1CTL (0xE4) - 定时器 1 控制（Timer 1 Control）				
位	名称	复位	读/写	描述
7:4	-	0000	R0	保留
3:2	DIV[1:0]	00	R/W	分频器划分值。活动时钟边缘更新计数器，如下 00：标记频率/1　01：标记频率/8 10：标记频率/32　11：标记频率/128

（续）

T1CTL (0xE4) －定时器 1 控制（Timer 1 Control）

位	名称	复位	读/写	描述
1:0	MODE[1:0]	00	R/W	定时器1模式选择。定时器操作模式通过下列方式选择 00： 暂停运行 01： 自由运行，从0x0000到0xFFFF反复计数 10： 模，从 0x0000到T1CC0反复计数 11： 正计数/倒计数，从0x0000到T1CC0计数并且从T1CC0倒计数到0x0000

T1STAT (0xAF) －定时器 1 状态（Timer 1 Status）

位	名称	复位	读/写	描述
7:6	–	00	R0	保留
5	OVFIF	0	R/W0	定时器1溢出中断标志位。当计数器在自由运行或模模式下达到最终计数值时，或者在正/倒计数模式下达到零时，该位被设置为1。该位写1没有影响
4	CH4IF	0	R/W0	定时器1通道4中断标志位。当通道4中断条件发生时，该位设置为1。该位写1没有影响
3	CH3IF	0	R/W0	定时器1通道3中断标志位。当通道3中断条件发生时，该位设置为1。该位写1没有影响
2	CH2IF	0	R/W0	定时器1通道2中断标志位。当通道2中断条件发生时，该位设置为1。该位写1没有影响
1	CH1IF	0	R/W0	定时器1通道1中断标志位。当通道1中断条件发生时，该位设置为1。该位写1没有影响
0	CH0IF	0	R/W0	定时器1通道 0中断标志位。当通道0中断条件发生时，该位设置为1。该位写1没有影响

T1CC0H (0xDB) －定时器1通道0捕获/比较值高位
（Timer 1 Channel 0 Capture/Compare Value，High）

位	名称	复位	读/写	描述
7:0	T1CC0[15:8]	0x00	R/W	定时器1通道0捕获/比较高8位字节。当T1CCTL0.MODE=1（比较模式）时，对该寄存器写操作，会导致T1CC0[15:8]的值更新写入延迟到T1CNT=0x0000

T1CC0L (0xDA) －定时器1通道0捕获/比较值低位
（Timer 1 Channel 0 Capture/Compare Value，Low）

位	名称	复位	读/写	描述
7:0	T1CC0[7:0]	0x00	R/W	定时器1通道0捕获/比较低8位字节。写到该寄存器的数据被存储到一个缓存中，同时后一次写T1CC0H生效时，才把值写入T1CC0[7:0]

TIMIF (0xD8) – 定时器 1/3/4 中断屏蔽/标志（Timer 1/3/4 Interrupt Mask/Flag）

位	名称	复位	读/写	描述
7	–	0	R0	没有使用

（续）

TIMIF (0xD8) - 定时器 1/3/4 中断屏蔽/标志（Timer 1/3/4 Interrupt Mask/Flag）

位	名称	复位	读/写	描述
6	OVFIM	1	R/W	定时器1溢出中断使能（注：复位后，处于使能状态） 0 中断禁止；1 中断使能
5	T4CH1IF	0	R/W0	定时器4通道1中断标志 0 没有中断等待；1 中断正在等待
4	T4CH0IF	0	R/W0	定时器4通道0中断标志 0 没有中断等待；1 中断正在等待
3	T4OVFIF	0	R/W0	定时器4溢出中断标志 0 没有中断等待；1 中断正在等待
2	T3CH1IF	0	R/W0	定时器3通道1中断标志 0 没有中断等待；1 中断正在等待
1	T3CH0IF	0	R/W0	定时器3通道0中断标志 0 没有中断等待；1 中断正在等待
0	T3OVFIF	0	R/W0	定时器3溢出中断标志 0 没有中断等待；1 中断正在等待

4.5.3 任务实施

1．新建工作区、工程和源文件，并对工程进行相应配置

操作方法详见4.2节。

2．程序设计分析

1）初始化T1中断。

2）设置T1CTL，使T1处于8分频的自由模式，T1计数器每8/（32×10^6）s增加1，所以T1计数器计数到0xFFFF时，发生溢出中断，整个过程耗时大约为0.016s。因此，需要中断300次才能使LED1闪烁一次。

3）LED1与P1_0相连，设置P1_0引脚为GPIO、输出状态。

3．编写、分析、调试程序

1）编写程序。在编程窗口输入如下代码。

```
1.   #include <ioCC2530.h>
2.   #define LED1 P1_0                    //P1_0端口控制LED1发光二极管
3.   unsigned int count;                  //定义中断次数变量
4.   //*************************************************************************
```

```
5.  void initial_t1()
6.  {                                   //使能T1中断源
7.      T1CTL = 0X05;                   //启动定时器1，设8分频 自由运行模式
8.      TIMIF |=0X40;                   //使能T1溢出中断
        T1IE = 1;
9.      EA = 1;                         //使能总中断
10. }

11. //****************************************************************************
12. #pragma vector = T1_VECTOR
13. __interrupt void T1_ISR(void)
14. {  IRCON = 0X00;                    //清中断标志位，硬件会自动清零，即此语句可省略
15.    if(count>300)
16.    {  count = 0x00;
17.       LED1 = !LED1;   }
18.    else
19.    {  count++;   }
20. }
21. //****************************************************************************

22. void main(void)
23. {   CLKCONCMD &=~0X7F;              //晶振设置为32MHz
24.     while(CLKCONSTA & 0x40);        //等待晶振稳定
25.     initial_t1();                   //调用T1初始化函数
26.     P1SEL &=~0x01;                  //设置P1_0端口为GPIO
27.     P1DIR |=0X01;                   //定义P1_0端口为输出
28.     LED1=0;                         //关闭LED1
29.     while(1);
30. }
```

2）编译、下载程序。编译无错后，下载程序，可以看到LED1灯每隔5s闪烁一次。

4.6 任务5 PC与ZigBee模块串口通信

4.6.1 任务要求

ZigBee模块通过串口向PC发送字符串“What is your name? ”，PC接收到串口信息后，发送名字给ZigBee模块，并以#号作为结束符；ZigBee模块接收到PC信息后，再向PC发送“Hello#名字”字符串。

4.6.2 知识链接

数据通信时，根据CPU与外设之间的连线结构和数据传送方式的不同，可以将通信方式分为两种：并行通信和串行通信。

并行通信是指数据的各位同时发送或接收，每个数据位使用单独的一条导线，有多少位数据需要传送就需要有多少条数据线。并行通信的特点是各位数据同时传送，传送速度快、效率高，并行数据传送需要较多的数据线，因此传送成本高、干扰大、可靠性较差，一般适用于短距离数据通信，多用于计算机内部的数据传送方式。

串行通信是指数据一位接一位顺序发送或接收。串行通信的特点是数据按位顺序进行，最少只需一根数据传输线即可完成，传输成本低，传送数据速度慢，一般用于较长距离的数据传送。

串行通信又分同步和异步两种方式。

1．串行同步通信

同步通信中，所有设备使用同一个时钟，以数据块为单位传送数据，每个数据块包括同步字符、数据块和校验字符。同步字符位于数据块的开头，用于确认数据字符的开始；接收时，接收设备连续不断地对传输线采样，并把接收到的字符与双方约定的同步字符进行比较，只有比较成功后才会把后面接收到的字符加以存储。同步通信的优点是数据传输速率高，缺点是要求发送时钟和接收时钟保持严格同步。在数据传送开始时先用同步字符来指示，同时传送时钟信号来实现发送端和接收端同步，即检测到规定的同步字符后，就连续按顺序传送数据。这种传送方式对硬件结构要求较高。

2．串行异步通信

异步通信中，每个设备都有自己的时钟信号，通信中双方的时钟频率保持一致。异步通信以字符为单位进行数据传送，每一个字符均按照固定的格式传送，又被称为帧，即异步串行通信一次传送一个帧。

每一帧数据由起始位（低电平）、数据位、奇偶校验位（可选）和停止位（高电平）组成。帧的格式如图4-29所示。

- 起始位：发送端通过发送起始位而开始一帧数据的传送。起始位使数据线处于逻辑0，用来表示一帧数据的开始；
- 数据位：起始位之后就开始传送数据位。在数据位中，低位在前，高位在后。数据的位数可以是5、6、7或者8；
- 奇偶校验位：是可选项，双方根据约定用来对传送数据的正确性进行检查。可选用奇校验、偶校验和无校验位；

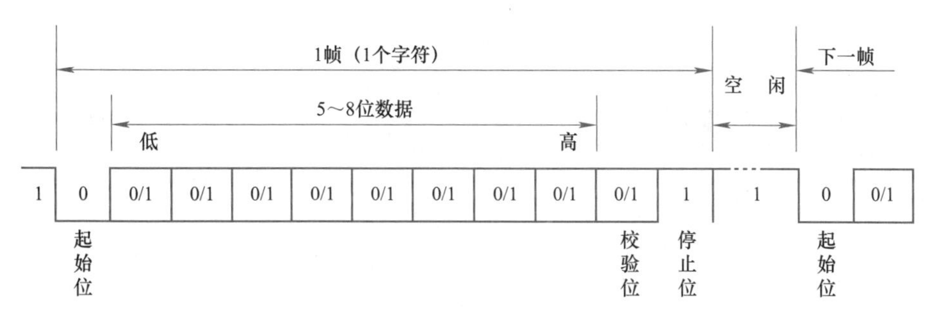

图4-29 异步通信数据帧格式

- 停止位：在奇偶检验位之后，停止位使数据线处于逻辑1，用以标志一个数据帧的结束。停止位逻辑值1的保持时间可以是1、1.5或2位，通信双方根据需要确定；

- 空闲位：在一帧数据的停止位之后，线路处于空闲状态，可以是很多位，线路上对应的逻辑值是1，表示一帧数据结束，下一帧数据还没有到来。

3. CC2530串行通信接口

CC2530芯片共有UART0和UART1两个串行通信接口，它们能够运行于异步模式（UART）或者同步模式（SPI）。两个USART具有同样的功能，可以设置单独的I/O引脚，UART0和UART1是否使用备用位置Alt 1或备用位置Alt 2，见表4-12。

表4-12 CC2530串口外设与GPIO引脚的对应关系

外设功能		P0								P1							
		7	6	5	4	3	2	1	0	7	6	5	4	3	2	1	0
UART0	Alt1			RT	CT	TX	RX										
	Alt2											RX	TX	RT	CT		
UART1	Alt1			RX	TX	RT	CT										
	Alt2									RX	TX	RT	CT				

在UART模式中，可以使用双线连接方式（包括RXD、TXD）或四线连接方式（包括RXD、TXD、RTS和CTS），其中RTS和CTS引脚用于硬件流量控制。

4. 串行通信接口寄存器

对于每个USART，都有控制和状态寄存器（UxCSR）、UART控制寄存器（UxUCR）、通用控制寄存器（UxGCR）、接收/发送数据缓冲寄存器（UxDBUF）、波特率控制寄存器（UxBAUD）等5个寄存器。其中，x是USART的编号，为0或者1。串口通信接口相关寄存器见表4-13。

表4-13　串口通信接口相关寄存器

UxCSR –USART x 控制和状态（USART x Control and Status）				
位	名称	复位	读/写	描述
7	MODE	0	R/W	USART模式选择 0：SPI模式；1：UART模式
6	RE	0	R/W	UART接收器使能。注意在UART完全配置之前不使能接收 0：禁用接收器；1：接收器使能
5	SLAVE	0	R/W	SPI主或者从模式选择 0：SPI主模式；1：SPI从模式
4	FE	0	R/W0	UART帧错误状态 0：无帧错误检测；1：字节收到不正确停止位级别
3	ERR	0	R/W0	UART奇偶错误状态 0：无奇偶错误检测；1：字节收到奇偶错误
2	RX_BYTE	0	R/W0	接收字节状态。URAT模式和SPI从模式。当读U0DBUF时，该位自动清除；也可以通过写0清除它，都可有效丢弃U0DBUF中的数据 0：没有收到字节；1：准备好接收字节
1	TX_BYTE	0	R/W0	传送字节状态。URAT模式和SPI主模式 0：字节没有被传送 1：写到数据缓存寄存器的最后字节被传送
0	ACTIVE	0	R	USART传送/接收主动状态。在SPI从模式下，该位等于从模式选择位 0：USART空闲；1：在传送或者接收模式USART忙碌
UxUCR - USART x UART 控制（USART x UART Control）				
位	名称	复位	读/写	描述
7	FLUSH	0	R0/W1	清除单元。当设置时，该事件将会立即停止当前操作并且返回单元的空闲状态
6	FLOW	0	R/W	UART硬件流使能。用RTS和CTS引脚选择硬件流控制的使用 0：流控制禁止；1：流控制使能
5	D9	0	R/W	UART奇偶校验位。当使能奇偶校验，写入D9的值决定发送的第9位的值，如果收到的第9位不匹配收到字节的奇偶校验，接收时报告ERR。如果奇偶校验使能，那么该位设置以下奇偶校验级别 0：奇校验；1：偶校验
4	BIT9	0	R/W	UART 9位数据使能。当该位是1时，使能奇偶校验位传输（即第9位）。如果通过PARITY使能奇偶校验，第9位的内容是通过D9给出的 0：8位传送；1：9位传送
3	PARITY	0	R/W	UART奇偶校验使能。除了为奇偶校验设置该位用于计算，必须使能9位模式 0：禁用奇偶校验；1：奇偶校验使能

（续）

UxUCR – USART x UART 控制（USART x UART Control）

位	名称	复位	读/写	描述
2	SPB	0	R/W	UART停止位的位数。选择要传送的停止位的位数 0：1位停止位；1：2位停止位
1	STOP	1	R/W	UART停止位的电平必须不同于开始位的电平 0：停止位低电平；1：停止位高电平
0	START	0	R/W	UART起始位电平。闲置线的极性采用选择的起始位级别的电平的相反的电平 0：起始位低电平；1：起始位高电平

U0GCR – USART x 通用控制（USART x Generic Control）

位	名称	复位	读/写	描述
7	CPOL	0	R/W	SPI 的时钟极性。0：负时钟极性；1：正时钟极性
6	CPHA	0	R/W	SPI 时钟相位 0：当 SCK从CPOL倒置到CPOL时，数据输出到MOSI端口；当 SCK从CPOL到CPOL倒置时，对MISO端口数据采样输入。 1：当SCK从CPOL到CPOL倒置时，数据输出到MOSI端口；当 SCK从CPOL倒置到CPOL时，对MISO端口数据采样输入
5	ORDER	0	R/W	传送位顺序。0：LSB 先传送；1：MSB 先传送
4:0	BAUD_E[4:0]	0 0000	R/W	波特率指数值。BAUD_E 和 BAUD_M决定了UART波特率和SPI 的主SCK时钟频率

UxDBUF – USART x 接收/传送数据缓存（USART x Receive/Transmit Data Buffer）

位	名称	复位	读/写	描述
7:0	DATA[7:0]	0x00	R/W	USART接收和传送数据。当写这个寄存器的时候，数据被写到内部，传送数据寄存器。当读取该寄存器的时候，数据来自内部读取的数据寄存器

UxBAUD – USART x 波特率控制（USART x Baud–Rate Control）

位	名称	复位	读/写	描述
7:0	BAUD_M[7:0]	0x00	R/W	波特率小数部分的值。BAUD_E和 BAUD_M决定了UART的波特率和SPI的主SCK时钟频率

5. 设置串行通信接口寄存器波特率

当运行在UART模式时，内部的波特率发生器设置UART波特率。当运行在SPI模式时，内部的波特率发生器设置SPI主时钟频率。由寄存器UxBAUD.BAUD_M[7:0]和UxGCR.BAUD_E[4:0]定义波特率。该波特率用于UART传送，也用于SPI传送的串行时钟速率。波特率由下式给出：

$$波特率=\frac{(256+BAUD\_M)\times 2^{BAUD\_E}}{2^{28}}\times f$$

式中，f是系统时钟频率，等于16MHzRCOSC或者32MHzXOSC。

标准波特率所需的寄存器值见表4-14。该表适用于典型的32MHz系统时钟。真实波特率与标准波特率之间的误差，用百分数表示。

表4-14　32MHz系统时钟常用的波特率设置

波特率/（bit/s）	UxBAUD.BAUD_M	UxGCR.BAUD_E	误差（%）
2400	59	6	0.14
4800	59	7	0.14
9600	59	8	0.14
14400	216	8	0.03
19200	59	9	0.14
28800	216	9	0.03
38400	59	10	0.14
57600	216	10	0.03
76800	59	11	0.14
115200	216	11	0.03
230400	216	12	0.03

6. UART发送与接收

（1）UART发送

当USART收/发数据缓冲器、寄存器 UxDBUF 写入数据时，该字节发送到输出引脚TXDx。UxDBUF 寄存器是双缓冲的。

当字节传送开始时，UxCSR. ACTIVE 位变为高电平，而当字节传送结束时变为低电平。当传送结束时，UxCSR. TX_BYTE位设置为1。当USART收/发数据缓冲寄存器就绪，准备接收新的发送数据时，就产生了一个中断请求。该中断在传送开始之后立刻发生，因此，当字节正在发送时，新的字节能够装入数据缓冲器。

【例4-4】通过串口，ZigBee模块不断地向PC发送字符串“Hello ZigBee！”。

解：根据题目要求，绘制程序流程图，如图4-30所示，程序如下：

```
1.  #include <ioCC2530.h>
2.  char data[ ]=" Hello ZigBee!" ;
3.  //************************************************************************
4.  void delay(unsigned int i)
5.  {     unsigned int j,k;
6.        for(k=0;k<i;k++)
7.        { for(j=0;j<500;j++); }
8.  }
9.  //************************************************************************
10. void initial_usart_tx()
```

```
11. {    CLKCONCMD &=~0X7F;                //晶振设置为32MHz
12.      while(CLKCONSTA & 0X40);          //等待晶振稳定
13.      CLKCONCMD &=~0X47;                //设置系统主时钟频率为32MHz
14.      PERCFG = 0X00;                    //usart0 使用备用位置1 TX-P0_3 RX-P0_2
15.      P0SEL |= 0X3C;                    //P0_2端口、P0_3端口、P0_4端口、P0_5端口用于
                                           外设功能
16.      P2DIR &=~0xC0;                    //P0优先作为UART方式
17.      U0CSR = 0X80;                     //uart模式
18.      U0GCR = 9;
19.      U0BAUD = 59;                      //波特率设为19200
20.      UTX0IF = 0;                       //uart0 tx中断标志位清零
21. }
22. //*********************************************************************
23. void uart_tx_string(char *data_tx,int len)
24. {    unsigned int j;
25.      for(j=0;j<len;j++)
26.      {   U0DBUF = *data_tx++;
27.          while(UTX0IF == 0);           //等待发送完成
28 .         UTX0IF = 0;
29.      }
30. }
31. //*********************************************************************
32. void main(void)
33. {    initial_usart_tx();
34.      while(1)
35.      {    uart_tx_string(data, sizeof(data));  //sizeof(data)函数计算字符串个数
36.          delay(1000);
37.      }
38. }
```

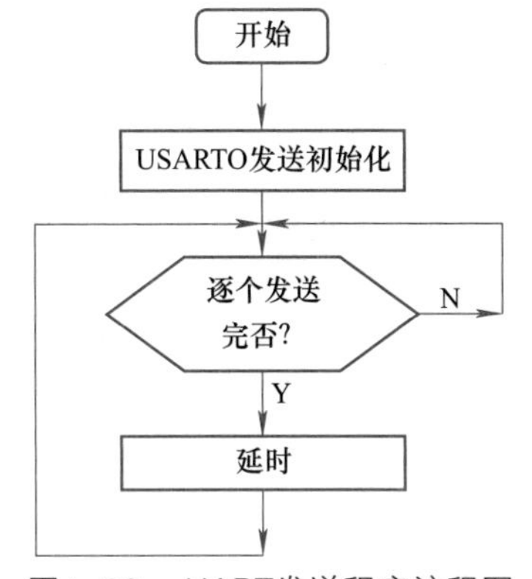

图4-30　UART发送程序流程图

编译无错后，下载程序，将ZigBee模块的JP2拨动到J9端，打开串口调试软件，设置端口为COM8、波特率为19200、数据位为8、无校验位、停止位为1，打开串口，在串口调试软件接收信息窗口可以收到“Hello ZigBee！”字符串，如图4-31所示。

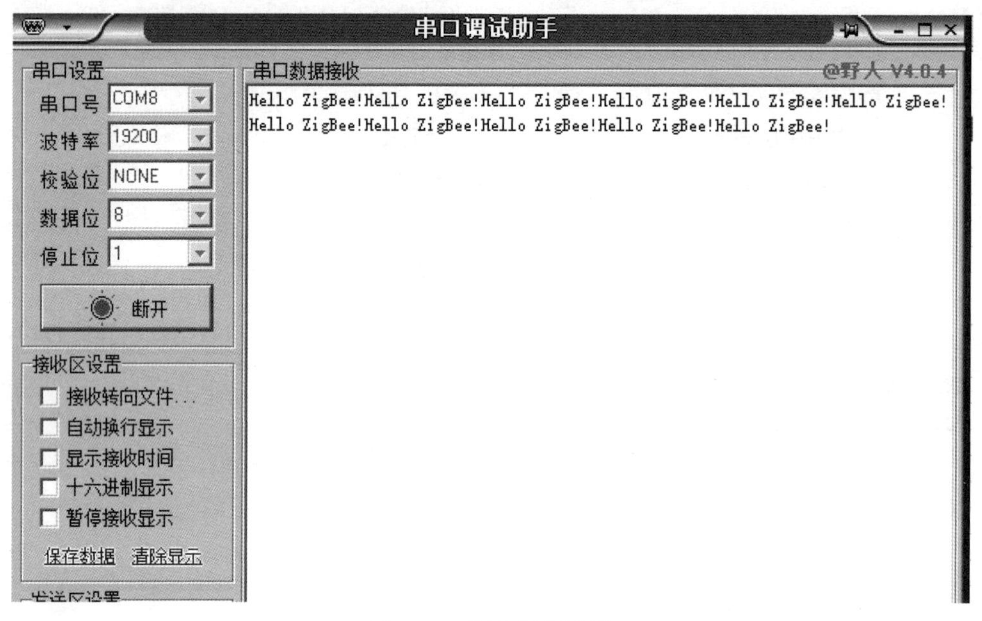

图4-31 程序运行结果

（2）UART接收

当1写入UxCSR. RE位时，在UART上数据接收就开始了。然后UART会在输入引脚RXDx中寻找有效起始位，并且设置UxCSR. ACTIVE位为1。当检测出有效起始位时，收到的字节就传入到接收寄存器，UxCSR. RX_BYTE位置为1。该操作完成时，产生接收中断。同时UxCSR. ACTIVE变为低电平。

通过寄存器UxBUF收到数据，当UxBUF读出时，UxCSR. RX_BYTE位由硬件清零。

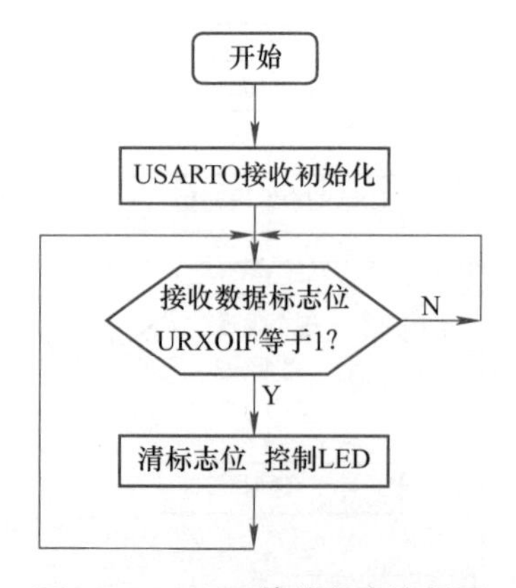

图4-32 UART接收程序流程图

【例4-5】通过串口，PC向ZigBee模块（备有串口）发送指令，点亮LED1～LED4。发送1时，LED1亮；发送2时，LED2亮；发送3时，LED3亮；发送4时，LED4亮；发送5时，LED全部熄灭。

解：根据题目要求，绘制程序流程图，如图4-32所示，程序如下所示：

```
1.  #include <ioCC2530.h>
2.  #define LED1 P1_0                  //P1_0端口控制LED1发光二极管 第3个
3.  #define LED2 P1_1                  //P1_1端口控制LED2发光二极管 第4个
4.  #define LED3 P1_3                  //P1_3端口控制LED3发光二极管 第1个
5.  #define LED4 P1_4                  //P1_4端口控制LED4发光二极管 第2个
6.  //*************************************************************************
7.  void initial_usart_tx()
8.  {   CLKCONCMD &=0X80;              //晶振设置为32MHz
9.      while(CLKCONSTA & 0X40);       //等待晶振稳定
10.
11.     PERCFG = 0X00;                 //USART0 使用备用位置1 TX-P0_3 RX-P0_2
12.     P0SEL |=0X3C;                  //P0_2端口、P0_3端口、P0_4端口、P0_5端口用
                                       于外设功能
13.     P2DIR &=~0xC0;                 //P0优先作为UART方式
14.     U0CSR |= 0XC0;                 //UART模式 允许接收
15.     U0GCR = 9;
16.     U0BAUD = 59;                   //波特率设为19200
17.     URX0IF = 0;                    //UART0 TX中断标志位清零
18. }
19. //*************************************************************************
20. void main(void)
21. {   initial_usart_tx();
22.     P1SEL &=0xE6;                  //设置P1_0端口、P1_1端口、P1_3端口、
                                       P1_4端口为GPIO
23.     P1DIR |= 0X1B;                 //定义P1_0端口为输出
24.     P1=0X00;
25.     while(1)
26.     {   if( URX0IF == 1)
27.         {  URX0IF = 0;
28.            switch(U0DBUF)
29.            {   case '1':LED1 = 1;break;    //‘1’表示接收到数据为字符，以下相同
30.                case 0x02:LED2 = 1;break;   //0X02表示接收到数据为十六进制数，以下相同
31.                case 0x03:LED3 = 1;break;
32.                case 0x04:LED4 = 1;break;
33.                case '5':LED1 = 0;LED2 = 0;LED3 = 0;LED4 = 0;break;
34.                default:break;
35.            }
36.         }
37.     }
38. }
```

注意：第46～50行的选择语句，case语句后面的比较常量，可以是字符常量，也可以是十六进制数常量。但是这些常量类型与PC串口调试助手发送的数据的类型需要一致。

7．UART中断

每个USART都有两个中断，分别是RX完成中断（URXx）和TX完成中断（UTXx）。当传输开始触发TX中断，且数据缓冲区被卸载，TX中断发生。

USART的中断使能位在寄存器IEN0和寄存器 IEN2中，中断标志位在寄存器TCON 和寄存器IRCON2中。

【例4-6】采用串口中断方式，PC向ZigBee模块（备有串口）发送指令点亮LED1～LED4。发送1时，LED1亮；发送2时，LED2亮；发送3时，LED3亮；发送4时，LED4亮；发送5时，LED全灭。

解：根据题目要求，编写如下程序：

```
1.  #include <ioCC2530.h>
2.  #define     LED1    P1_0        //P1_0端口控制LED1发光二极管
3.  #define     LED2    P1_1        //P1_1端口控制LED2发光二极管
4.  #define     LED3    P1_3        //P1_3端口控制LED3发光二极管
5.  #define     LED4    P1_4        //P1_4端口控制LED4发光二极管
6.  unsigned    char  temp, RX_flag;
7.  //*****************************************************************************
8.  void initial_usart_tx()
9.  {    CLKCONCMD &=0X80;              //晶振设置为32MHz
10.      while(CLKCONSTA & 0X40);       //等待晶振稳定
11.      PERCFG = 0X00;                 //USART0 使用备用位置1 TX-P0_3 RX-P0_2
12.      P0SEL |=0X3C;                  //P0_2端口、P0_3端口、P0_4端口、P0_5端口用于外设功能
13.      P2DIR &=~0xC0;                 //P0优先作为UART方式
14.      U0CSR |= 0XC0;                 //UART模式 允许接收
15.      U0GCR = 9;
16.      U0BAUD = 59;                   //波特率设为19200
17.      URX0IF = 0;                    //UART0 TX中断标志位清零
18.      IEN0 = 0X84;
19. }
20. //*****************************************************************************
21. #pragma vector = URX0_VECTOR   //串口0接收中断服务函数
22. __interrupt void UART0_ISR(void)
23. {    URX0IF = 0;
24.      temp = U0DBUF;
25.      RX_flag=1;
26. }
27. //*****************************************************************************
28. void main(void)
```

```
29. {    initial_usart_tx();
30.     P1SEL &= 0xE6;                    //设置P1_0端口、P1_1端口、P1_3端口、P1_4端口为GPIO
31.      P1DIR |= 0X1B;                   //定义P1_0端口为输出
32.      P1=0X00;
33.      while(1)
34.      {  if( RX_flag == 1)
35.         {  RX_flag = 0;
36.            switch(temp)
37.            {     case '1':LED1 = 1;break;
38.                  case 0x02:LED2 = 1;break;
39.                  case 0x03:LED3 = 1;break;
40.                  case 0x04:LED4 = 1;break;
41.                  case '5':LED1 = 0;LED2 = 0;LED3 = 0;LED4 = 0;break;
42.                  default:break;
43.            }
44.         }
45.     }
46. }
```

4.6.3 任务实施

1．连接硬件，分析任务要求

1）将ZigBee模块固定在NEWLab平台上，用串口线把NEWLab平台与PC连接，并将NEWLab平台上的通信方式旋钮转到“通信模式”，将ZigBee模块的JP2拨动到J9端。

2）根据任务描述，CC2530开发板要接收1次数据、发送2次数据，它们的顺序是：发送数据1（What is your name?）、接收数据（名字+#）、发送数据2（Hello 名字）。

2．新建工程和源文件，并对工程进行相应配置

操作方法详见4.2节。

3．编写、分析、调试程序

1）编写程序。

```
1.   #include <ioCC2530.h>
2.   char data[]=" What is your name?\n" ;
3.   char name_string[20];
4.   unsigned char temp,RX_flag,counter=0;
5.   //***************************************************************************
6.   void delay(unsigned int i)
7.   {    unsigned int j,k;
```

```
8.        for(k=0;k<i;k++)
9.        { for(j=0;j<500;j++);
10.       }
11.  }
12.  //*************************************************************************
13.  void initial_usart()
14.  {     CLKCONCMD &=0X80;               //晶振设置为32MHz
15.        while(CLKCONSTA & 0X40);        //等待晶振稳定
16.        PERCFG = 0X00;                  //USART0 使用备用位置1 TX-P0_3、RX-P0_2
17.        P0SEL |=0X3C;                   //P0_2端口、P0_3端口、P0_4端口、P0_5端口用于外设
                                           功能
18.        P2DIR &=~0xC0;                  //P0优先作为UART方式
19.        U0CSR |= 0XC0;                  //UART模式 允许接收
20.        U0GCR = 9;
21.        U0BAUD = 59;                    //波特率设为19200
22.        URX0IF = 0;                     //UART0 TX中断标志位清零
23.        IEN0 = 0X84;                    //接收中断使能 总中断使能
24.  }
25.  //*************************************************************************
     **********
26.  void uart_tx_string(char *data_tx,int len)
27.  {     unsigned int j;
28.        for(j=0;j<len;j++)
29.        {   U0DBUF = *data_tx++;
30.            while(UTX0IF == 0);
31.            UTX0IF = 0;
32.        }
33.  }
34.  //*************************************************************************
35.  #pragma vector = URX0_VECTOR
36.  __interrupt void UART0_RX_ISR(void)
37.  {     URX0IF = 0;
38.        temp = U0DBUF;
39.        RX_flag=1;}
40.  //*************************************************************************
41.  void main(void)
42.  {     initial_usart();                          //调用UART初始化函数
43.        uart_tx_string(data,sizeof(data));  //发送What is your name?
44.        while(1)
45.        {   if(RX_flag == 1)
```

```
46.             { RX_flag = 0;
47.             if(temp !=' #' )
48.             {  name_string[counter++] = temp;          //存储接收数据：名字+#
49.             }
50.             else
51.             {  U0CSR &=~0X40;                          //禁止接收
52.
53.                uart_tx_string( "Hello  ",sizeof( "Hello  ")); //名字接收结束，发送Hello字符串+
                                                               空格
54.                delay(1000);
55.              uart_tx_string(name_string,size of cname_string) //发送名字字符串
56.                counter=0;
57.                U0CSR |=0X40;                            //允许接收
58.             }
59.           }
60.       }
61. }
```

2）编译无错后，打开串口调试软件，设置端口为COM8、波特率为19200、数据位为8、无校验位、停止位为1，打开串口；然后下载程序，在串口调试软件接收信息窗口可以看到“What is your name?”字符串。

3）在串口调试软件发送数据窗口输入名字，并以#结束，例如：小张#。单击“发送”按钮，立刻在串口调试软件接收信息窗口可以看到“Hello小张”字符串。如图4-33所示。

图4-33 串口接收与发送

4.7 任务6 CC2530片内温度测量

4.7.1 任务要求

测量CC2530片内温度传感器数值，并通过串口将其值上传到PC端口。

4.7.2 知识链接

1．电信号的形式与转换

信息是指客观事物属性和相互联系特性的表征，它反映了客观事物的存在形式和运动状态。表示信息的形式可以是数值、文字、图形、声音、图像以及动画等。信号是信息的载体，是运载信息的工具，信号可以是光信号、声音信号或电信号。电话网络中的电流就是一种电信号，人们可以将电信号经过发送、接收以及各种变换，传递双方要表达的信息。数据是把事件的属性规范化以后的表现形式，它能被识别，可以被描述，是各种事物的定量或定性的记录。信号数据可以表示任何信息，如文字、符号、语音、图像或视频等。

从电信号的表现形式上，可以分为模拟信号和数字信号。

（1）模拟信号

模拟信号是指用连续变化的物理量所表达的信息，如温度、湿度、压力、长度、电流和电压等，我们通常把模拟信号称为连续信号，它在一定的时间范围内可以有无限多个不同的取值。

（2）数字信号

数字信号指自变量是离散的、因变量也是离散的信号，这种信号的自变量用整数表示，因变量用有限数字中的一个数字来表示，在计算机中，数字信号的大小常用有限位的二进制数表示。由于数字信号是用两种物理状态来表示0和1的，故其抵抗材料本身干扰和环境干扰的能力都比模拟信号强很多；在现代技术的信号处理中，数字信号发挥的作用越来越大，几乎复杂的信号处理都离不开数字信号，只要能把解决问题的方法用数学公式表示，就能用计算机来处理代表物理量的数字信号。

（3）模拟-数字（A-D）转换

模拟-数字（A-D）转换通常简写为ADC，是将输入的模拟信号转换为数字信号。各种被测控的物理量（如速度、压力、温度、光照强度及磁场等）是一些连续变化的物理量，传感器将这些物理量转换成与之相对应的电压和电流就是模拟信号。单片机系统只能接收数字信号，要处理这些信号就必须把它们转换成数字信号。模拟-数字转换是数字测控系统中必须的信号转换。

2．CC2530的ADC模块

CC2530的ADC模块支持多达14位二进制的模拟数字转换，具有多达13位的ENOB（有效数字位）。它包括一个模拟多路转换器（具有多达8个各自可配置的通道）以及一个参考电压发生器。CC2530的ADC结构如图4-34所示。转换结果可以通过DMA写入存储器，也可以直接读取ADC寄存器获得。

CC2530的ADC模块有如下主要特征：

- 可选的抽取率，设置分辨率（7到12位）；
- 8个独立的输入通道，可接收单端或差分信号；
- 参考电压可选为内部单端、外部单端、外部差分或AVDD5；
- 转换结束产生中断请求；
- 转换结束时可发出DMA触发；
- 可以将片内温度传感器作为输入；
- 电池电压测量功能。

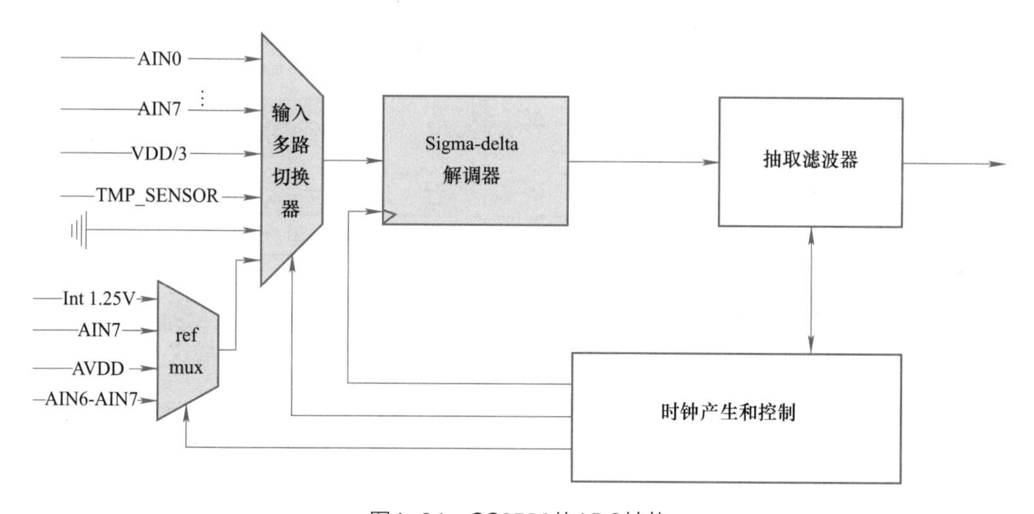

图4-34　CC2530的ADC结构

3．ADC相关寄存器

CC2530的ADC模块包括控制寄存器（ADCCON1、ADCCON2和ADCCON3）、转换数据寄存器（ADCH：ADCL）、端口配置寄存器（APCFG）、温度测试寄存器（TR0）和模拟测试控制（ATEST），见表4-15。

表4-15　ADC相关寄存器

ADCL (0xBA) - ADC数据低位（ADC Data，Low）

位	名称	复位	读/写	描述
7:2	ADC[5:0]	000000	R	ADC转换结果的低位部分
1:0	–	00	R0	没有使用。读出来一直是0

ADCH (0xBB) - ADC数据高位（ADC Data，High）

位	名称	复位	读/写	描述
7:0	ADC[13:6]	0x00	R	ADC转换结果的高位部分

ADCCON1 (0xB4) - ADC控制1（ADC Control 1）

位	名称	复位	读/写	描述
7	EOC	0	R/H0	转换结束。当ADCH被读取的时候清除。如果读取前一数据之前，完成一个新的转换，EOC位仍然为高 0：转换没有完成；1：转换完成
6	ST	0	R/W	开始转换。读为1，直到转换完成 0：没有转换正在进行 1：如果 ADCCON1.STSEL=11并且没有序列正在运行就启动一个转换序列
5:4	STSEL[1:0]	11	R/W1	启动选择。选择该事件，将启动一个新的转换序列 00：P2_0引脚的外部触发 01：全速。不等待触发器 10：定时器1通道0比较事件 11：ADCCON1.ST=1
3:2	RCTRL[1:0]	00	R/W	控制16位随机数发生器。当写 01 时，当操作完成时设置将自动返回到00 00：正常运行 01：LFSR 的时钟一次 10：保留 11：停止。关闭随机数发生器
1:0	–	11	R/W	保留。一直设为11

ADCCON2 (0xB5) - ADC控制2（ADC Control 2）

位	名称	复位	读/写	描述
7:6	SREF[1:0]	00	R/W	选择参考电压用于序列转换 00：内部参考电压 01：AIN7 引脚上的外部参考电压 10：AVDD5 引脚 11：AIN6 – AIN7 差分输入外部参考电压
5:4	SDIV[1:0]	01	R/W	为包含在转换序列内的通道设置抽取率。抽取率也决定完成转换需要的时间和分辨率 00：64 抽取率（7位ENOB） 01：128 抽取率（9位ENOB） 10：256 抽取率（11位ENOB） 注：CC2530手册是10位 11：512 抽取率（13位ENOB） 注：CC2530手册是12位

（续）

ADCCON2 (0xB5) - ADC控制2（ADC Control 2）				
位	名称	复位	读/写	描述
3:0	SCH[3:0]	0000	R/W	序列通道选择 0000：AIN0 0001：AIN1 0010：AIN2 0011：AIN3 0100：AIN4 0101：AIN5 0110：AIN6 0111：AIN7 1000：AIN0-AIN1 1001：AIN2-AIN3 1010：AIN4-AIN5 1011：AIN6-AIN7 1100：GND 1101：正电压参考 1110：温度传感器 1111：VDD/3

ADCCON3 (0xB6) - ADC控制3（ADC Control 3）				
位	名称	复位	读/写	描述
7:6	EREF[1:0]	00	R/W	选择用于额外转换的参考电压 00：内部参考电压 01：AIN7 引脚上的外部参考电压 10：AVDD5 引脚 11：在 AIN6-AIN7 差分输入的外部参考电压
5:4	EDIV[1:0]	00	R/W	设置用于额外转换的抽取率。抽取率也决定了完成转换需要的时间和分辨率 00：64 抽取率（7位ENOB） 01：128 抽取率（9位ENOB） 10：256 抽取率（11位ENOB）注：CC2530手册是10位 11：512 抽取率（13位ENOB）注：CC2530手册是12位
3:0	ECH[3:0]	0000	R/W	单个通道选择。选择写ADCCON3 触发的单个转换所在的通道号码。当单个转换完成，该位自动清除 0000：AIN0 0001：AIN1 0010：AIN2 0011：AIN3 0100：AIN4 0101：AIN5 0110：AIN6 0111：AIN7 1000：AIN0-AIN1 1001：AIN2-AIN3 1010：AIN4-AIN5 1011：AIN6-AIN7 1100：GND 1101：正电压参考 1110：温度传感器 1111：VDD/3

（续）

位	名称	复位	读/写	描述
APCFG (0Xf2) - 模拟外设端口配置寄存器（Analog peripheral I/O configuration）				
7:0	APCFG[7:0]	0x00	R/W	模拟外设端口配置寄存器，选择P0_0～P0_7作为模拟外设端口。0：GPIO；1：模拟端口
TR0 (0x624B) - 温度测试寄存器（Test Register）				
7:1	—	0000 000	R0	保留位，读为0
0	ACTM	0	R/W	设置1时，连接温度传感器到SOC_ADC。也可参见ATEST寄存器来使能
ATEST (0x61BD) - 模拟测试控制（Analog Test Control）				
位	名称	复位	读/写	描述
7:6	—	00	R0	保留位，读为0
5:0	ATEST_CTRL[5:0]	00 0000	R/W	控制模拟测试模式 00 0001：使能温度传感器，其他保留

4. ADC操作

（1）ADC输入

P0端口的信号可以用作ADC输入，涉及的引脚有AIN0～AIN7。可以把这些引脚（AIN0～AIN7）配置为单端或差分输入。

- 单端输入。可以分为AIN0～AIN7共8路输入；
- 差分输入。可以分为AIN0和ANI1、AIN2和ANI3、AIN4和ANI5、AIN6和ANI7共四组输入，差分模式下的转换取自输入对之间的电压差，例如：若以第一组AIN0和ANI1作为输入，则实际输入电压为AIN0和ANI1这两个引脚电压之差。

片上温度传感器的输出作为ADC输入，用于片上温度测量。

AVDD5/3的电压作为一个ADC输入。这个输入允许诸如需要在应用中实现一个电池监测器的功能。注意：在这种情况下参考电压不能取决于电源电压，比如AVDD5 电压不能用作一个参考电压。

用16个通道来表示ADC的输入，通道号码0～7表示单端电压输入，由AIN0～AIN7组成；通道号码8～11表示差分输入，由AIN0 - AIN1、AIN2 - AIN3、AIN4 - AIN5和AIN6 - AIN7组成；通道号码12～15表示GND（12）温度传感器（14）和AVDD5/3（15）。ADC使用哪个通道作为输入，由寄存器ADCCON2. SCH（连续转换）和ADCCON3. SCH（单个转换）决定。值得注意的是，AIN0～AIN7共8路模拟输入来自I/O引脚，若要使对应I/O引脚作为ADC输入时，就必须在APCFG寄存器中将其设置为模拟输入引脚，如表4-15对APCFG寄存器的介绍。

（2）ADC转换

连续转换。CC2530 可以进行连续A-D转换，并通过DMA把结果写入内存，不需要CPU参与。实际项目中需要多少个A-D转换，就通过寄存器APCFG来设置，没有用到的模拟通道，在序列转换时将被跳过。ADCCON2. SCH [3:0] 位决定ADC输入的转换序列。

单次转换。ADC可以通过编程执行单次转换。每写入ADCCON3寄存器一次，就可以触发一次转换，但如果转换序列也在进行中，则在连续序列转换完成后马上执行单次转换。

（3）ADC转换结果

数字转换结果以二进制的补码形式表示，首先介绍什么是二进制补码，见表4-16。二进制补码的特点：正数时，原码与补码一样；负数时，补码为原码取反再加1所得。

表4-16　二进制补码

	有符号	无符号	二进制补码							
起点	0	0	0	0	0	0	0	0	0	0
	1	1	0	0	0	0	0	0	0	1
	2	2	0	0	0	0	0	0	1	0
	……	……								
	126	126	0	1	1	1	1	1	1	0
	127	127	0	1	1	1	1	1	1	1
加1	有符号数从下面开始变化，注意正数与负数的区别									
	–128	128	1	0	0	0	0	0	0	0
	–127	129	1	0	0	0	0	0	0	1
	……	……								
	–2	254	1	1	1	1	1	1	1	0
	–1	255	1	1	1	1	1	1	1	1
回到起点	0	0	0	0	0	0	0	0	0	0

CC2530数据手册上称ADC支持多达14位的模拟数字转换、可以设置7～12位的有效分辨率，网上很多关于CC2530　ADC的争议。到底支持多少位ADC？如何配置？ADC转换数据存储格式怎样？

【例4-7】在NEWLab平台上，采用ZigBee模块和温湿度光敏传感器模块，ADC在不同的分辨率、单端、差动输入不同的条件下，测量温湿度光敏传感器模块上的电位器（VR1）的变化电压、地电压和电源电压。并得出CC2530单片机ADC支持位数、配置方法、ADC转换数据存储格式等。

解：第一步，采用单端输入方式。将ZigBee模块和温湿度光敏传感器模块都固定在NEWLab平台上，用导线把ZigBee模块上ADC0和温湿度光敏传感器模块上的电位器分压端（J10）连接起来。由电路限制，J10端的电压范围0.275～3.025V。

第二步，编程ADC测量程序。暂不进行ADC值换算，只要ADC测量的值。并将ADC测量的值在串口调试软件上显示。

```
1.  #include <ioCC2530.h>
2.  char data[ ]=" ADC不同配置的测试!\n";
3.  unsigned int value;
4.  unsigned int adcvalue;
5.  //***********************************************************************
6.  void delay(unsigned int i)
7.  {    unsigned int j,k;
8.       for(k=0;k<i;k++)
9.       { for(j=0;j<500;j++);     }}
10. //***********************************************************************
11. void initial_AD()
12. {        APCFG |= 0X01;            //设置P0_0端口为模拟端口
13.      P0SEL |= (1 << (0));          //设置P0_0端口为外设功能
14.      P0DIR |=~(1 << (0));          //设置P0_0端口为输入方向
15.       ADCCON3 = 0xB0;              //13位分辨率，选择AIN0通道，参考电压3.3V，
                                       启动转换
16. //   ADCCON3 =  0xA0;              //11位分辨率，选择AIN0通道，参考电压3.3V，
                                       启动转换
17. //   ADCCON3 =  0x90;              //9位分辨率，选择AIN0通道，参考电压3.3V，启
                                       动转换
18. //    ADCCON3 =  0x80;             //7位分辨率，选择AIN0通道，参考电压3.3V，启
                                       动转换
19. }
20. //***********************************************************************
21. void initial_usart()
22. {    CLKCONCMD &=~0X7F;            //晶振设置为32MHz
23.      while(CLKCONSTA & 0X40);      //等待晶振稳定
24.      CLKCONCMD &=~0X47;            //设置系统主时钟频率为32MHz
25.      PERCFG = 0X00;                //USART0 使用备用位置1 TX-P0_3 RX-P0_2
26.      P0SEL |=0X3C;                 //P0_2端口、P0_3端口、P0_4端口、P0_5端口用
                                       于外设功能
27.      P2DIR &=~0xC0;                //P0优先作为UART方式
28.      U0CSR |= 0XC0;                //UART模式 允许接收
29.      U0GCR = 9;
30.      U0BAUD = 59;                  //波特率设为19200
```

```
31. }
32. //**************************************************************************
33. void uart_tx_string(char *data_tx, int len) //串口发送函数
34. {   unsigned int j;
35.     for(j=0;j<len;j++)
36.     {   U0DBUF = *data_tx++;
37.         while(UTX0IF == 0);
38.         UTX0IF = 0;
39.     }
40. }
41. //**************************************************************************
42. void main(void)
43. {   initial_usart();                        //调用UART初始化函数
44.     initial_AD();                           //调用AD初始化函数
45.     uart_tx_string(data, sizeof(data));     //发送串口数据
46.     while(1)
47.     {  while(!(ADCCON1&0X80));              //等待A-D转换完成
48.           adcvalue = (unsigned int )ADCL;
                                                //读取ADC的低位
49.           adcvalue |= (unsigned int ) (ADCH << 8);
                                                //ADC高低和低位合并
50.           value = adcvalue >> 2;            //13位分辨率，ADC转换结果右对齐
51.  //    value = adcvalue >> 4;               //11位分辨率，ADC转换结果右对齐
52.  //    value = adcvalue >> 6;               //9位分辨率，ADC转换结果右对齐
53.  //    value = adcvalue >> 8;               //7位分辨率，ADC转换结果右对齐
54.           data[0] = value/10000 + 0x30;
55.           data[1] = (value%10000)/1000 + 0x30;
56.           data[2] = ((value%10000)%1000)/100 + 0x30;
57.           data[3] = (((value%10000)%1000)%100)/10 + 0x30;
58.           data[4] = value%10 + 0x30;
59.           data[5] = '\n';
60.           delay(5000);
61.           uart_tx_string(data,6);           //调用串口发送函数
62.            ADCCON3 = 0xB0;                  //若没有此行代码，只转换1次。
63. //  ADCCON3 =  0xA0;                        //11位分辨率，选择AIN0通道，参考电压
                                                3.3V，重新启动转换
64. //  ADCCON3 =  0x90;                        //9位分辨率，选择AIN0通道，参考电压
                                                3.3V，重新启动转换
65. //  ADCCON3 =  0x80;                        //7位分辨率，选择AIN0通道，参考电压
                                                3.3V，重新启动转换
66.     }
67. }
```

第三步，编译、下载程序，测试程序功能。

ADC的4组配置是：第15、50、62行，第16、51、63行，第17、52、64行和第18、

53、65行，在程序中有仅只有1组有效，其他3组必须注释掉，测试结果见表4-17。

表4-17　不同配置的测试结果

ADC配置 转换结果 输入电压	ADCCON3=0xB0 adcvalue >> 2	ADCCON3=0xA0 adcvalue >> 4	ADCCON3=0x90 adcvalue >> 6	ADCCON3=0x80 adcvalue >> 8
3.3V（电源）	8191(0x1FFF)	2047(0x7FF)	511(0x1FF)	127(0x7F)
0V（地）	16380(0x3FFB), –5	4092(0xFFC)，–4	1023(0x3FF)，–1	255(0xFF)，–1
1.25V（电位器）	3068(0xBFC)	774(0x305)	193(0xC1)	48(0x30)
0.27V（电位器）	648(0x288)	162(0xA2)	40(0x28)	10(0x10)

ADC的参考电压为AVDD5引脚电压（3.3V），对测试结果进行分析：

在输入电压为3.3V电源、ADC配置为ADCCON3=0xB0时，ADC的转换结果为8191，即0x1FFF。可知：ADCCON3=0xB0对应有效数字为13位，同理可推出：ADCCON3=0xA0对应有效数字为11位，ADCCON3=0x90对应有效数字为9位，ADCCON3=0x80对应有效数字为7位。

在输入电压为地（0V）时，不同的ADC配置，输出值不同，且值变化很大，有时为0，有时为很大的值，如：4092（0xFFC），补码为–4，这可能是电源不稳定造成的。但是从输出的值变化可知：转换结果是带符号的，如：ADC配置为ADCCON3=0xB0时，输出有时为16380，　即0x3FFB，补码为–5，该值达到14位。由此可以得以两个结论：

① 转换结果数据存储格式为二进制补码，即符号位+有效数字位。ADCCON3=0xB0对应二进制补码为14位，ADCCON3=0xA0对二进制补码为12位，ADCCON3=0x90对应二进制补码为10位，ADCCON3=0x80对应二进制补码为8位。

② 在0V左右有可能出现正、负数据，若把这个测量值定义为无符号数，则该值变化很大，所以一定要把测量值看作有符号数。

在输入电压为1.25V或0.27V下，不同的ADC配置，输出值不同，但是测量值比较稳定，ADC测量电压值换算方法：

ADC测量电压值=（ADC参考电压×ADC转换结果）/ADC有效数字位最大值

例如：对ADC配置为ADCCON3=0xB0时，

ADC测量电压值=（3.3×3068）V/8191=1.24V，与输入电压1.25V很接近。

根据单端输入的测试方式，测试差分输入条件——不同ADC配置的转换结果，可以得到同样的结论。即：转换结果数据存储格式为二进制补码，ADC支持位数与单端输入配置一样。

4.7.3 任务实施

1．连接硬件，分析CC2530片内温度计算方法

将ZigBee模块固定在NEWLab平台上，PC通过串口线与平台相连。CC2530片内温度的计算公式为：T=（输出电压[mV]-853[mV]）/2.45[mV/℃]

2．新建工程，编写、分析、调试程序

1）编写程序。在编程窗口输入如下代码：

```
1.  #include <ioCC2530.h>
2.  char data[ ]=" 测试 CC2530片内温度传感器!\n" ;
3.  char name_string[20];
4.
5.  //************************************************************************
6.  void delay(unsigned int i)
7.  {     unsigned int j,k;
8.        for(k=0;k<i;k++)
9.        { for(j=0;j<500;j++);
10.       }
11. }
12. //************************************************************************
13. void initial_usart()
14. {     CLKCONCMD &=~0X7F;               //晶振设置为32MHz
15.       while(CLKCONSTA & 0X40);          //等待晶振稳定
16.       CLKCONCMD &=~0X47;               //设置系统主时钟频率为32MHz
17.       PERCFG = 0X00;                   //USART0 使用备用位置1 TX-P0_3 RX-P0_2
18.       P0SEL |=0X3C;                    //P0_2端口、P0_3端口、P0_4端口、P0_5端口用
                                           于外设功能
19.       P2DIR &=~0xC0;                   //P0优先作为UART方式
20.       U0CSR |= 0XC0;                   //UART模式 允许接收
21.       U0GCR = 9;
22.       U0BAUD = 59;                     //波特率设为19200
23.       URX0IF = 0;                      //UART0 TX中断标志位清零
24. }
25. //************************************************************************
26. void uart_tx_string(char *data_tx,int len)
27. {     unsigned int j;
28.       for(j=0;j<len;j++)
29.       {    U0DBUF = *data_tx++;
30.            while(UTX0IF == 0);
31.            UTX0IF = 0;
32.       }
33. }
```

```
34. //************************************************************************
35. float getTemperature(void)
36. {     signed short int value;
37.       ADCCON3 = 0x3E;                          //选择内部参考电压；12位分辨
                                                   率；对片内温度传感器采样
38.        ADCCON1 |= 0x30;                        //选择ADC的启动模式为手动
39.        ADCCON1 |= 0x40;                        //启动A-D转化
40.        while(!(ADCCON1 & 0x80));               //等待ADC转化结束
41.        value = ADCL >> 2;
42.        value |= ((int)ADCH << 6);              //8位转为16为，后补6个0，取得
                                                   最终转化结果，存入value中
43.        if(value < 0)  value = 0;               // 若value<0，就认为它为0
44.        return value*0.06229 – 348.2 ;          //根据公式计算出温度值
45. }
46. //************************************************************************
47. void main(void)
48. {    unsigned char i;
49.      float avgTemp;
50.      initial_usart();                          //调用UART初始化函数
51.      uart_tx_string(data,sizeof(data));        //发送串口数据
52.      TR0 = 0X01;                               //连接温度传感器到SOC_ADC
53.      ATEST = 0X01;                             //使能温度传感器
54.      while(1)
55.      {  avgTemp = getTemperature();
56.         for(i = 0 ; i < 64 ; i++)              //连续采样64次；
57.         {  avgTemp += getTemperature();
58.            avgTemp = avgTemp/2;                //每采样1次，取1次平均值
59.         }
60.         data[0] = (unsigned char)(avgTemp)/10 + 0x30;          //十位
61.         data[1] = (unsigned char)(avgTemp)%10 + 0x30;          //个位
62.         data[2] =  '.' ;                                        //小数点
63.         data[3] = (unsigned char)(avgTemp*10)%10 + 0x30;       //十分位
64.         data[4] = (unsigned char)(avgTemp*100)%10 + 0x30;      //百分位
65.         uart_tx_string(data,5);                //在PC上显示温度值和℃符号
66.         uart_tx_string( "℃\n" ,3);
67.         delay(10000);                          //延时
68.      }
69. }
```

程序分析如下。

第44行，片内温度计算公式：

$$T=((1250\times value/(2^{13}-1))-853)/2.45=0.06229\times value-348.2$$

第52和53行，连接温度传感器到SOC_ADC，使能温度传感器，这两行代码不可缺少，否则不能测量温度。

第60～64行，将转换的温度值分解为十位、个位、十分位和百分位，值得注意的是：一定要用unsigned char类型对avgTemp浮点变量进行强制转换。

2）下载程序，在串口上可看到，每隔一定时间，显示一次温度值，如图4-35所示。

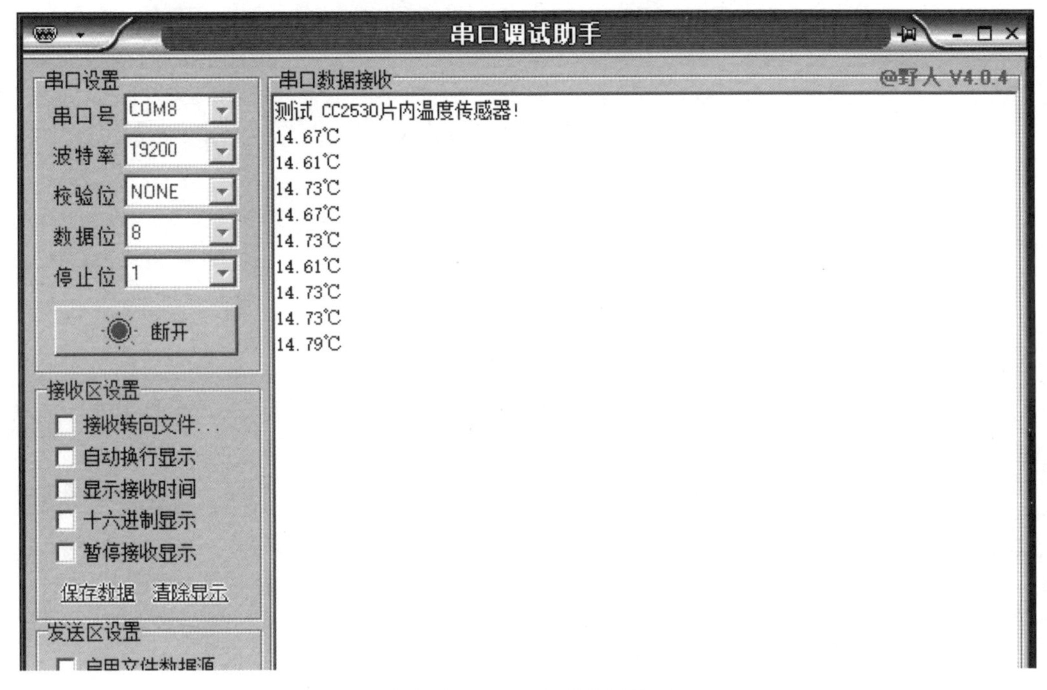

图4-35　片内温度测量效果

单元总结

本单元主要学习CC2530单片机的基础知识，为后续的学习打好基础。

1）CC2530是面向2.4G通信的一种SoC，是一种专用的单片机，它采用的是8051内核，同时提供了很多外设供用户使用。

2）为CC2530下载程序，需要使用CC Debugger将其与计算机相连，并可使用SmartRF Flash Programmer编程软件来为其下载程序镜像文件。

3）IAR是一种为单片机设计程序的编程环境，它使用工作区来管理项目，使用项目来管理代码文件。在IAR中建立好项目后需要对项目选项进行设置，以便适应单片机的型号和生成.hex程序镜像文件。

4）CC2530的GPIO、中断、定时/计数器及ADC等基本组件的使用需要配置相关特殊功能寄存器。

UNIT 5

学习单元5

NB-IoT数据传输

单元概述

本单元主要面向的工作领域是传感网应用开发中的NB-IoT数据传输，主要介绍物联网LPWAN无线通信技术中的NB-IoT技术，以“智能路灯”应用案例介绍NB-IoT数据通信的过程。“智能路灯”应用案例中使用NB86-G模组将采集到的光照数据传输至物联网云平台。本单元包含3个任务，分别为使用AT指令调试NB-IoT模块、烧写“智能路灯”程序和NB-IoT接入物联网云平台。读者通过实施本单元的案例——“智能路灯”，掌握NB-IoT技术的使用方法。

知识目标

- 了解NB-IoT技术；
- 掌握AT指令集；
- 掌握Flash Programmer代码烧写工具的使用方法；
- 掌握在物联网平台上创建NB-IoT项目并进行数据显示的方法。

技能目标

- 会使用AT指令对NB-IoT模块进行状态查询、信号强度查询等；
- 会使用NB-IoT模块进行数据传输；
- 会使用物联网云平台创建NB-IoT项目进行数据显示。

5.1 NB-IoT技术简介

NB-IoT，Narrow Band Internet of Things（窄带物联网）是一种全新的蜂窝物联网技术，是3GPP组织定义的可在全球范围内广泛部署的低功耗广域网，基于授权频谱的运营，可以支持大量的低吞吐率、超低成本设备连接，并且具有低功耗、优化的网络架构等独特优势。

3GPP（3rd Generation Partnership Project 第三代合作伙伴计划）是一个成立于1998年12月的标准化组织，旨在研究制定并推广基于演进的GSM核心网络的3G标准（即WCDMA、TD-SCDMA、EDGE等），目前其指定技术标准规范已经延伸到5G，其成员包括日本无线工业及商贸联合会（ARIB）、中国通信标准化协会（CCSA）、美国电信行业解决方案联盟（ATIS）、日本电信技术委员会（TTC）、欧洲电信标准协会（ETSI）、印度电信标准开发协会（TSDSI）、韩国电信技术协会（TTA）。3GPP制定的标准规范以Release作为版本管理。

目前3GPP共有3个技术规格组：无线接入组（RAN）、业务和系统结构组（SA）、核心网和终端组（CT）。其中NB-IoT标准化工作是在无线接入组下进行的，2015年8月前是在GSM EDGE RAN组，后来该规格组撤销合并至RAN组。

5.1.1 LPWAN与NB-IoT

物联网通信技术有很多种，从传输距离上区分可以简化分为两类。

一类是短距离无线通信技术，代表技术有ZigBee、Wi-Fi、Bluetooth、Z-Wave等，目前非常成熟并有各自的应用领域。

另一类是长距离无线通信技术、宽带广域网，例如，电信CDMA、移动及联通的3G/4G无线蜂窝通信和低功耗广域网即LPWAN如图5-1所示。

LPWAN（Low Power Wide Area Network，低功耗广域网），用于物联网低速率远距离通信。LPWAN技术覆盖范围广、终端节点功耗低、网络结构简单、运营维护成本低，虽然LPWAN的数据传送速率较低，但是已经可以满足如智能抄表、智能停车、共享单车等小数据量定期上报的应用场景。

目前主流的LPWAN技术又可分为两类：

一类是工作在非授权频段的技术，如LoRa、Sigfox等，这类技术大多是非标、自定义实现。LoRa技术标准由美国Semtech研发，并在全球范围内成立了广泛的LoRa联盟。Sigfox技术标准由法国Sigfox研发，其使用的非授权频段与国内授权频段冲突，目前还没获取到国内频段。

一类是工作在授权频段的技术，如NB-IoT、eMTC等。

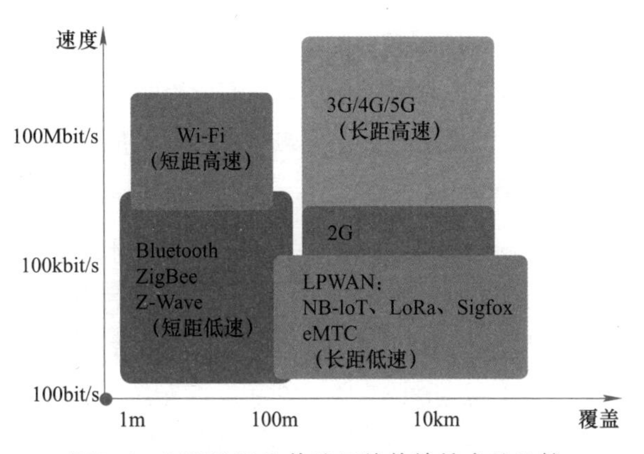

图5-1　LPWAN 和传统无线传输技术的比较

工作在授权频段的还有成熟的2G/3G/4G蜂窝通信技术以及LTE（Long Term Evolution，长期演进）技术。LTE是3G的演进，是3G与4G技术之间的一个过渡，是3.9G的全球标准。LTE技术主要有TDD（Time Division Duplexing，时分双工）和FDD（Frequency Division Duplexing，频分双工）两种主流模式。

NB-IoT是2015年9月在3GPP标准组织中立项提出的一种新的工作在授权频段的LPWAN技术。NB-IoT构建于蜂窝网络只消耗大约180kHz的带宽，可直接部署于GSM网络（Global System for Mobile Communications，全球移动通信系统）、UMTS网络（Universal Mobile Telecommunications System，通用移动通信系统）或LTE网络，以降低部署成本、实现平滑升级，并且以降低传输速率和提高传输延迟为代价，实现了覆盖增强、低功耗和低成本。NB-IoT仅支持FDD半双工模式，上行和下行的频率是分开的，物联网终端设备不会同时接收和发送数据。

eMTC是2016年3月3GPP接纳的工作在授权频段的LPWAN技术，eMTC是基于LTE演进的物联网接入技术，支持TDD半双工和FDD半双工模式，使用授权频谱，可以基于现有LTE网络直接升级部署，低成本、快速部署的优势可以助力运营商快速抢占物联网市场先机。eMTC除了具备LPWAN基本能力外还具有四大差异化能力。一是速率高，eMTC支持上下行最大1Mbit/s的峰值速率，远远超过GPRS、ZigBee等主流物联技术的速率；eMTC更高的传输速率可以支撑更丰富的物联网应用，如低速视频、语音等。二是移动性，eMTC支持连接态的移动性，物联网用户可以无缝切换，保障用户体验。三是可定位，基于TDD的eMTC可以利用基站侧的PRS测量，在无需新增GPS芯片的情况下就可进行位置定位，低成本的定位技术更有利于eMTC在物流跟踪、货物跟踪等场景中的普及。四是支持语音，eMTC从LTE协议演进而来，可以支持VoLTE语音，未来可被广泛应用到可穿戴设备中。

所以，在具体的应用方向上，如果对语音、移动性、速率等有较高要求，可以选择eMTC技术。相反，如果对这些方面要求不高，而对成本、覆盖等有更高的要求，则可选择NB-

IoT。NB-IoT、eMTC与LoRa技术参数对比见表5-1。

从以上方析可以看出，工作在授权频段的NB-IoT是在现有蜂窝通信的基础上为低功耗物联网接入所做的改进，由移动通信运营商以及其背后的设备商所推动，而工作在非授权频段的LoRa则可以看作是ZigBee技术的通信覆盖距离进行扩展以适应广域连接的要求。NB-IoT、eMTC与LoRa技术参数对比见表5-1。

表5-1　NB-IoT、eMTC与LoRa技术参数对比

技术标准	组织	频段	频宽	传输距离	速率	连接数量	终端电池	组网
NB-IoT	3GPP	1GHz以下授权运营商频段	260kHz	市区1～8km 郊区25km	上行14.7～48kbit/s 下行150kbit/s	10万	10年	LTE软件升级
eMTC	3GPP	运营商频段	1.4MHz	<20km	<1Mbit/s	10万	10年	LTE软件升级
LoRa	LoRa联盟	1GHz以下非授权ISM频段	125kHz/500kHz	市区2～5km 郊区15km	0.018～37.5kbit/s	0.2万～5万	10年	新建网络

NB-IoT使用的频段号见表5-2。

表5-2　NB-IoT的14个频段

频段号BAND	上行频率范围（MHz）	下行频率范围（MHz）
Band 01	1920～1980	2110～2170
Band 02	1850～1910	1930～1990
Band 03	1710～1785	1805～1880
Band 05	824～849	869～894
Band 08	880～915	925～960
Band 12	699～716	729～746
Band 13	777～787	746～756
Band 17	704～716	734～746
Band 18	815～830	860～875
Band 19	830～845	875～890
Band 20	832～862	791～821
Band 26	814～849	859～894
Band 28	703～748	758～803
Band 66	1710～1780	2110～2200

5.1.2　NB-IoT标准发展演进

NB-IoT标准的研究和标准化工作由标准化组织3GPP进行推进，如图5-2所示，NB-IoT技术最早由华为和英国电信运营商沃达丰共同推出，并在2014年5月向3GPP提出NB-M2M（Machine to Machine）的技术方案。

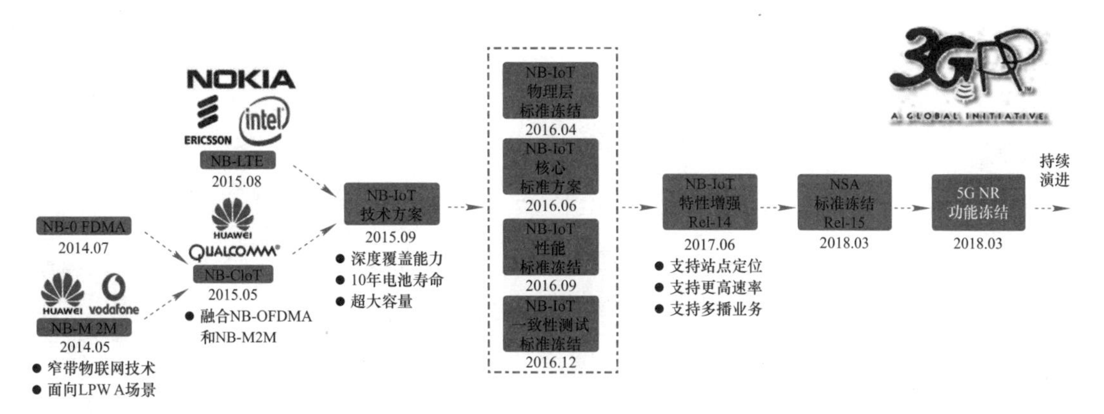

图5-2 NB-IoT标准发展历程演进

2015年5月华为与高通宣布NB-M2M融合NB-OFDMA（Orthogonal Frequency Division Multiple Access，窄带正交频分多址技术）形成NB-CIoT（Cellular IoT）。与此同时，爱立信联合英特尔、诺基亚在2015年8月提出与4G LTE技术兼容的NB-LTE方案。

2015年9月，在3GPP RAN第69次会议上，NB-CIoT与NB-LTE技术融合形成新的NB-IoT技术方案。经过复杂的测试评估，2016年4月，NB-IoT物理层标准冻结，两个月后，NB-IoT核心标准方案正式成为标准化的物联网协议。2016年9月，NB-IoT性能标准冻结。2016年12月，NB-IoT一致性测试标准冻结。

为了满足更多的应用场景和市场需求，3GPP在ReL-14中对NB-IoT进行了一系列增强技术并于2017年6月完成了核心规范。增强技术增加了定位和多播功能，提供更高的数据速率，在非锚点载波上进行寻呼和随机接入，增强连接态的移动性，支持更低UE功率等级。

在2018年3月召开的3GPPRAN第79次全会上，3GPP的第一个5G版本——Rel. 15正式冻结，也就是NSA（非独立组网）核心标准冻结。3GPP正式明确了“5GNR与eMTC/NB-IoT将应用于不同的物联网场景”，绘制了物联网发展蓝图。按照会议决议，在R16协议中，5GNR mMTC的应用场景不会涉及LPWAN，eMTC/NB-IoT仍然将是LPWAN的主要应用技术。这标志着在3GPP协议中，eMTC/NB-IoT已经被认可为5G的一部分，并将与5GNR长时间共存，意味着NB-IoT将在5G时代扮演更加重要的角色。

2018年6月14日，3GPP全会批准了第五代移动通信技术标准（5G NR）独立组网功能冻结。加之去年12月完成的非独立组网NR标准，5G已经完成第一阶段全功能标准化工作，进入了产业全面冲刺新阶段。此次SA功能冻结，不仅使5G NR具备了独立部署的能力，也带来全新的端到端新架构，赋能企业级客户和垂直行业的智慧化发展，为运营商和产业合作伙伴带来新的商业模式，开启一个全连接的新时代。

5.1.3 NB-IoT网络体系架构

NB-IoT网络结构如图5-3所示。

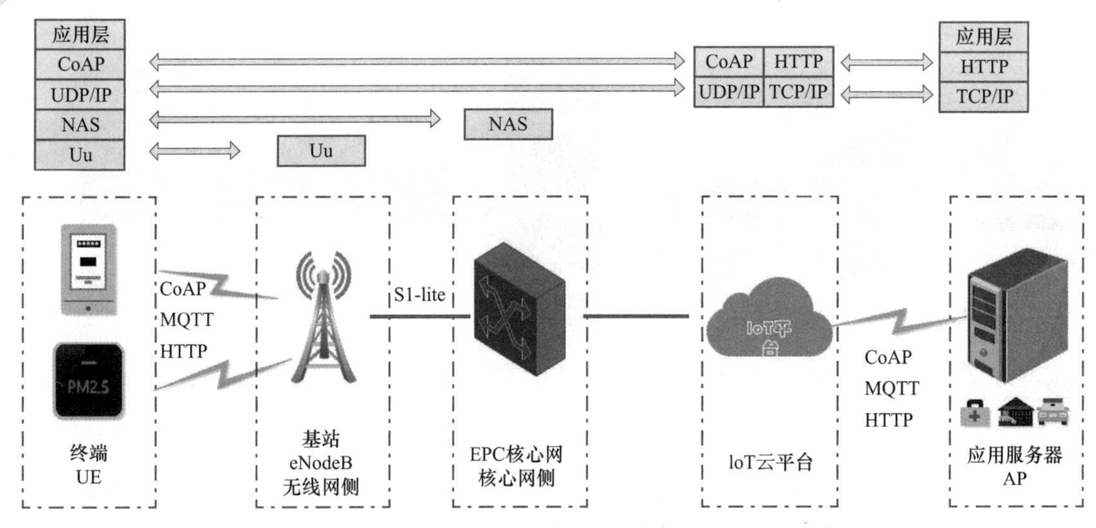

图5-3　NB-IoT网络体系架构图

1）NB-IoT终端UE：应用层采用CoAP，通过空口Uu连接到基站。Uu口是终端UE与eNodeB基站之间的接口，可支持1.4MHz至20MHz的可变带宽。

2）eNodeB（evolved Node B，E-UTRAN 基站）：主要承担空口接入处理、小区管理等相关功能，并通过S1-lite接口与IoT核心网进行连接，将非接入层数据转发给高层网元处理。

3）EPC核心网（（Evolved Packet Core network）：承担与终端非接入层交互的功能，并将IoT业务相关数据转发到IoT平台进行处理。同理，这里可以使用NB-IoT独立组网，也可以与LTE共用核心网。

4）IoT云平台：汇聚从各种接入网得到的IoT数据，并根据不同类型转发至相应的业务应用器进行处理。

5）应用服务器AP（App Server）：是IoT数据的最终汇聚点，根据客户的需求进行数据处理等操作。应用服务器通过HTTP/HTTPS和平台通信，通过调用平台的开放API来控制设备。平台把设备上报的数据推送给应用服务器。

终端UE与物联网云平台之间一般使用CoAP等物联网专用的应用层协议进行通信，其主要原因是考虑UE的硬件资源配置一般很低，不适合使用HTTP/HTTPS等复杂协议。

物联网云平台与第三方应用服务器AP之间，由于两者的性能都很强大，要考虑代管、安全等因素，因此一般会使用HTTP/HTTPS应用层协议。

5.1.4　NB-IoT关键技术

基于蜂窝通信技术的NB-IoT具备以下四大特点。

1）广覆盖：NB-IoT在同样的频段下覆盖能力比现有网络增益20dB，使信号能够穿透墙壁或地板，覆盖更深的室内场景。

NB-IoT有效带宽为180kHz，下行采用正交频分复用技术OFDM（Orthogonal Frequency Division Multiplexing），上行有两种传输方式：单载波传输和多载波传输，其中单载波传输的字载波带宽为3.75kHz和15kHz两种，多载波传输的子载波间隔为15kHz，支持3、6、12个子载波传输。

2）低功耗：NB-IoT在LTE系统DRX（Discontinuous Reception）基础上进行了优化采用功耗节省模式PSM模式（PowerSaving Mode）和增强型非连续结接收eDRX模式（Extended DRX）。在终端设备每日传输少量数据的情况下，使电运行时间达到至少10年。

PSM模式和eDRX模式都是通过用户终端发起请求，用户可以单独使用PSM模式和eDRX模式中的一种，也可以两种都激活。

在PSM模式下，NB-IoT终端仍然注册在网，但不接受信令，从而使终端更长时间处在深睡眠模式达到省电的目的。

eDRX省电技术延长终端在空闲模式下的睡眠周期，减少信号接收单元不必要的启动。eDRX将LTE的DRX睡眠周期1.28s最大延长至2.92h。

在模组硬件设计中，通过进一步提高芯片、射频前端器件等各个模块的集成度，减少通路插损来降低功耗；同时通过各厂家研发高效率功放和高效率天线器件来降低器件和回路上的损耗；架构方面主要在待机电源工作机上进行优化，待机时关闭芯片中无须工作的供电电源，关闭芯片内部不工作的子模块时钟。物联网应用开发者可以根据业务场景的需要，考虑选用低功耗处理器，控制处理器主频、运算速度和待机模式来降低终端功耗。

软件方面的优化主要通过新的节电特性的引入、传输协议优化以及物联网嵌入式操作系统的引入来实现。

3）低成本：体现在NB-IoT芯片的低成本和网络部署的低成本。

芯片设计方面低速率、低功耗、低带宽带来低成本优势，主要包括低峰值速率，上下行带宽低至180kHz，内存需求低（500KB）降低了存储器和处理器要求，晶振成本也降低2/3以上；NB-IoT仅支持FDD半双工设计，节省了双工器件成本；简化射频RF设计为单接收天线。

网络部署成本低。NB-IoT可直接采用LTE网络，利用现有技术和基站。此外，NB-IoT与LTE互相兼容，可重复使用已有硬件设备、共享频谱，同时避免系统共存的问题。

4）大连接：在理想情况下，每个扇区可连接约5万台设备；假设居住密度是每平方公里1500户，每户家庭有40个设备，那么在这种环境下的设备连接是可以实现的。

为了满足万物互联的需求，NB-IoT技术标准牺牲连接速率和时延可以设计更多的用户接入，保存更多的用户上下文因此NB-IoT有50～100倍的上行容量提升，设计目标为每个小区5万连接数，大量终端处于休眠状态，其上下文信息由基站和核心网维持，一旦终端有数据发送，可以迅速进入连接状态。注意，可以支持每个小区5万个连接数，并不是说可以支持5万设备可以并发连接，只是保持5万个连接的上下文数据和连接信息。在NB-IoT系统的连接仿真模型中，80%的用户业务为周期上报型，20%的用户业务为网络控制型，在该场景下可以支持5万个连接的用户终端。事实上，能否达到该设计目标还取决于小区内实际终端业务型等因素。

5.2 利尔达NB-IoT模组介绍

利尔达NB86系列模块是基于HISILICON Hi2110的Boudica芯片开发的，该模块为全球领先的NB-IoT无线通信模块，符合3GPP标准，支持Band1、Band3、Band5、Band8、Band20、Band28不同频段的模块，具有体积小、功耗低、传输距离远、抗干扰能力强等特点，如图5-4所示。

图5-4 NB86系列模组

NB86-G模块支持的部分Band说明，见表5-3。

表5-3 NB86-G模块支持的部分Band

频段 Band	上行频段 Uplink（UL）band/ MHz	下行频段 Downlink（DL）band/ MHz	网络制式 Duplex Mode
Band 01	1920～1980	2110～2170	H-FDD
Band 03	1710～1785	1805～1880	H-FDD
Band 05	824～849	869～894	H-FDD
Band 08	880～915	925～960	H-FDD
Band 20	832～862	791～821	H-FDD
Band 28*	703～748	758～803	H-FDD

5.2.1 NB86-G系列模块主要特性

- 模块封装：LCC and Stamp hole package；
- 超小模块尺寸：20mm×16mm×2.2mm（L×W×H），重量1.3g；

- 超低功耗：≤3μA；
- 工作电压：VBAT 3.1～4.2V（Tye：3.6V），VDD_IO（Tye：3.0V）；
- 发射功率：23dBm±2dB（Max），最大链路预算较GPRS或LTE下提升20dB，最大耦合损耗MCL为164dBm；
- 提供两路UART接口、1路SIM/USIM卡通信接口、1个复位引脚、1路ADC接口、1个天线接口（特性阻抗50Ω）；
- 支持3GPP Rel. 13/14 NB-IoT无线电通信接口和协议；
- 内嵌IPv4、UDP、CoAP、LwM2M等网络协议栈；
- 所有器件符合EU RoHS标准。

5.2.2 NB86-G模块引脚描述

NB-IoT模块共有42个SMT焊盘引脚，引脚图如图5-5所示，引脚描述见表5-4～表5-9。

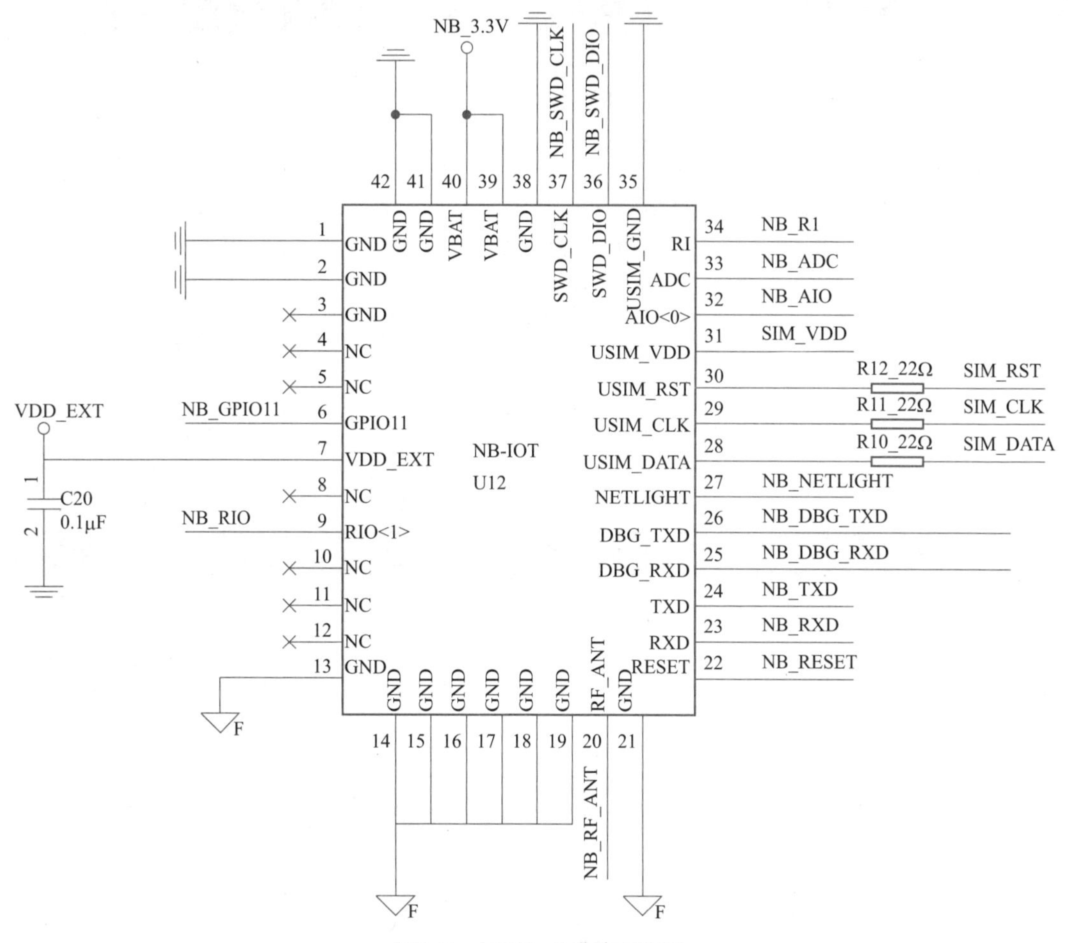

图5-5 NB86-G模块引脚图

表5-4　电源与复位引脚

引脚号	引脚名	I/O	描述	DC特性	备注
39、40	VBAT	PI	模块电源	V_{max}=4.2V V_{min}=3.1V V_{norm}=3.6V	电源必须能够提供达0.5A的电流
7	VDD_EXT	PO	输出范围：1.7V～VBAT	V_{norm}=3.0V I_{omax}=20mA	1. 不用则悬空 2. 用于给外部供电，推荐并联一个2.2～4.7μF的旁路电容
1、2、13～19、21、35、38、41～42	GND	地			
22	RESET	DI	复位模块	R_{pu}≈78KΩ V_{IHmax}=3.3V V_{IHmin}=2.1V V_{IHmax}=0.6V	内部上拉，低电平有效

表5-5　串口（UART）接口引脚

引脚号	引脚名	I/O	描述	DC特性	备注
23	RXD	DI	主串口：模块接收数据	V_{ILmax}=0.6V V_{IHmin}=2.1V V_{IHmax}=3.3V	3.0V电源域； 进入PSM下， RXD不可悬空
24	TXD	DO	主串口：模块发送数据	V_{OLmax}=0.4V V_{OHmin}=2.4V	3.0V电源域，不用则悬空
34	RI*	DO	模块输出振铃提示	V_{OLmax}=0.4V V_{OHmin}=2.4V	3.0V电源域
25	DBG_RXD	DI	调试串口：模块接收数据	V_{ILmax}=0.6V V_{IHmin}=2.1V V_{IHmax}=3.3V	3.0V电源域，不用则悬空
26	DBG_TXD	DO	调试串口：模块发送数据	V_{OLmax}=0.4V V_{OHmin}=2.4V	3.0V电源域，不用则悬空

表5-6　外部USIM卡接口引脚

引脚号	引脚名	I/O	描述	DC特性	备注
28	USIM_DATA	IO	SIM卡数据线	V_{OLmax}=0.4V V_{OHmin}=2.4V V_{ILmin}=0.3V V_{ILmax}=0.6V V_{IHmin}=2.1V V_{IHmax}=3.3V	USIM_DATA外部的SIM卡要加上拉电阻到USIM_VDD，外部SIM卡接口建议使用TVS管进行ESD保护，且SIM卡座到模块的布线距离最长不要超过20cm
29	USIM_CLK	DO	SIM卡时钟线	V_{OLmax}=0.4V V_{OHmin}=2.4V	
30	USIM_RST	DO	SIM卡复位线	V_{OLmax}=0.4V V_{OHmin}=2.4V	
31	USIM_VDD	DO	SIM卡供电电源	V_{norm}=3.0V	

表5-7 信号接口引脚

引脚号	引脚名	I/O	描述	DC特性	备注
33	ADC	AI	10_bit通用模-数转换	电压范围：0V～VBAT	不用则悬空

表5-8 网络状态指示引脚

引脚号	引脚名	I/O	描述	DC特性	备注
27	NETLIGHT	DO	网络状态指示	V_{OLmax}=0.4V V_{OHmin}=2.4V	正在开发

表5-9 RF接口引脚

引脚号	引脚名	I/O	描述	DC特性	备注
20	ANT_RFIO	IO	射频天线接口	50Ω特性阻抗	

3～5、10～12引脚为保留引脚，名为RESERVED。

5.2.3 NB86-G系列模块工作模式

模块工作时共有三种模式。

（1）Active模式（连接态）

模块处于活动状态；所有功能正常可用，可以进行数据发送和接收；模块在此模式下可切换到Idle模式或PSM模式。

（2）Idle模式（空闲态）

可收发数据，且接收下行数据会进入Connected状态，无数据交互超过一段时间会进入PSM模式，时间可配置。空闲状态可配置执行DRX或eDRX模式。

（3）PSM模式（节能模式）

此模式下终端关闭收发信号机，不监听无线侧的寻呼，因此虽然依旧注册在网络，但信令不可达，无法收到下行数据，功率很小。

5.3 任务1 使用AT指令调试NB-IoT模块

5.3.1 任务要求

通过串口助手发送AT指令来实现NB-IoT连网调试。

5.3.2 知识链接

AT命令集是一种应用于AT服务器（AT Server）与AT客户端（AT Client）间的设备连接与数据通信的方式。最早是由发明拨号调制解调器（MODEM）的贺氏公司（Hayes）为了控制MODEM而发明的控制协议。后来主要的移动电话生产厂家共同为GSM研制了一整套AT命令，用于控制手机的GSM模块。AT命令在此基础上演化并加入GSM 07.05标准以及后来的GSM 07.07标准，实现比较健全的标准化。

在随后的GPRS控制、3G模块等方面，均采用AT命令来控制。AT命令逐渐在产品开发中成为实际的标准。如今，AT命令也广泛地应用于嵌入式开发领域，AT命令作为主芯片和通信模块的协议接口，硬件接口一般为串口，这样主控设备可以通过简单的命令和硬件设计完成多种操作。

AT命令执行过程如图5-6所示。

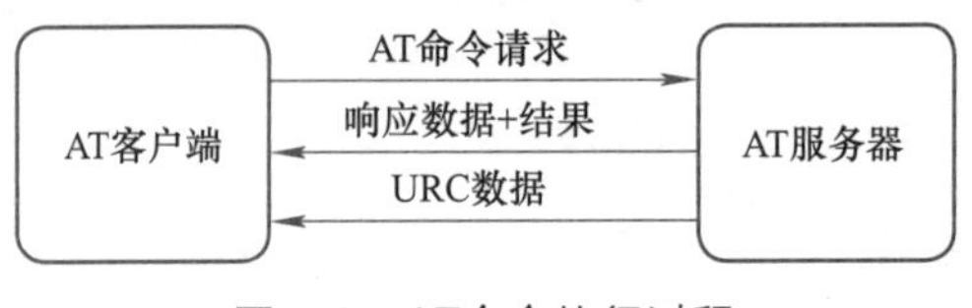

图5-6 AT命令执行过程

AT命令框架如下：

1）一般AT命令由三个部分组成，分别是前缀、主体和结束符。其中前缀由字符AT构成；主体由命令、参数和可能用到的数据组成；结束符一般为<CR><LF>（“\r\n”）。

2）AT功能的实现需要AT Server和AT Client两个部分共同完成。

3）AT Server主要用于接收AT Client发送的命令，判断接收的命令及参数格式，并下发对应的响应数据，或者主动下发数据。

4）AT Client主要用于发送命令、等待AT Server响应，并对AT Server响应数据或主动发送的数据进行解析处理，获取相关信息。

5）AT Server和AT Client之间支持多种数据通信的方式（UART、SPI等），目前最常用的是串口UART通信方式。

6）AT Server向AT Client发送的数据分成两种：响应数据和URC数据。

① 响应数据：AT Client发送命令之后收到的AT Server响应状态和信息。

② URC数据：AT Server主动发送给AT Client的数据，一般出现在一些特殊的情况，比如Wi-Fi连接断开、TCP接收数据等，这些情况往往需要用户做出相应操作。

5.3.3 任务实施

1．硬件器件介绍

图5-7和5-8所示为本任务使用的NB-IoT模块的正面和反面的实物图。

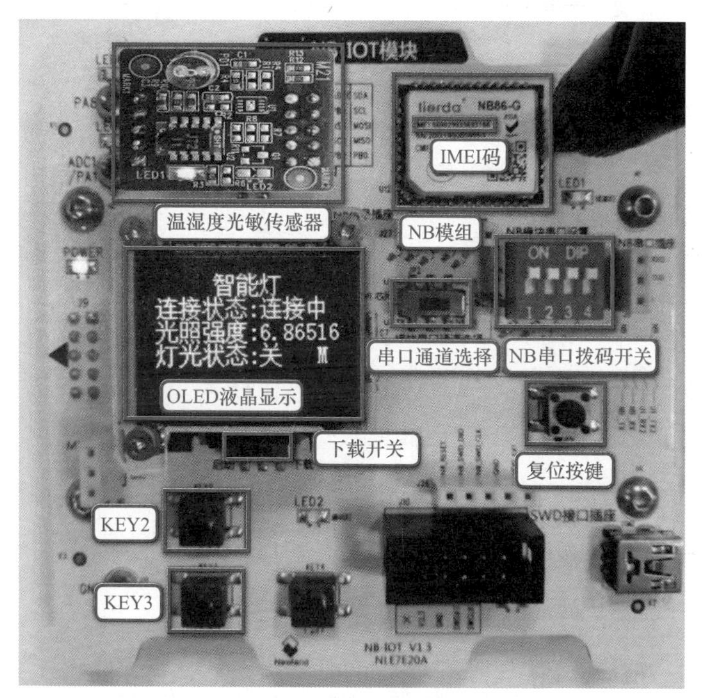

图5-7 NB-IoT模块正面

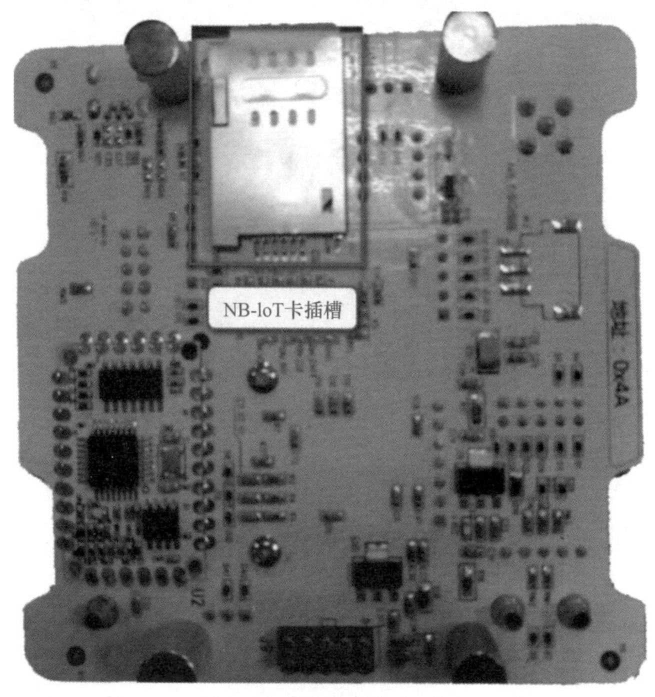

图5-8 NB-IoT模块反面

2．查看串口号

在“设备管理器”中查看对应的串口号，如图5-9所示。

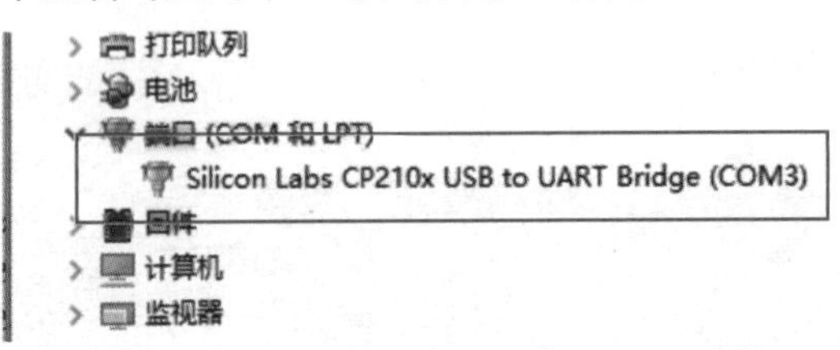

图5-9　在设备管理器中查看串口号

3．硬件环境搭建

硬件环境搭建如图5-10所示。

1）搭建硬件平台，把NB-IoT模块按图5-10方向放置于NEWLab平台上；

2）按照标注①连接串口线，按照标注②连接电源线；

3）按照标注③将开关旋钮旋至“通讯模式”；

4）按照标注④把NB串口拨码开关1、2向上方向拨，拨码开关3、4向下方向拨；

5）按照标注⑤把开关拨向右方向丝印NB模块串口设置处；

6）按照标注⑥把开关拨向左方向启动处。

注意：硬件环境搭建按照上述的文字描述操作，图5-10仅供参考。

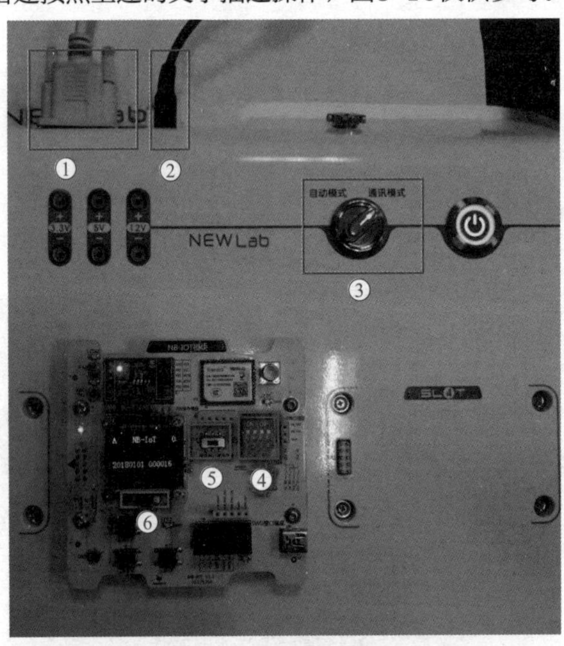

图5-10　硬件环境搭建

4．设置串口助手参数

设置串口助手：波特率为9600，校验位为NONE，数据位为8，停止位为1，如

图5-11所示。

图5-11 设置串口助手

5．测试NB模块是否可用

1）发送“AT”，如图5-12所示。

2）返回数据为OK，则表示可用。

图5-12 测试NB模块是否可用

6．查询IMSI号（设备标识）

1）发送“AT+CIMI”，如图5-13所示。

2）若返回结果为IMSI号和OK，则表示查询成功，若返回结果为ERROR，则表示为失败（注：指令格式不正确也会返回失败）。

图5-13　查询IMEI号

7．查询当前信号质量CSQ

1）发送“AT+CSQ”，如图5-14所示。

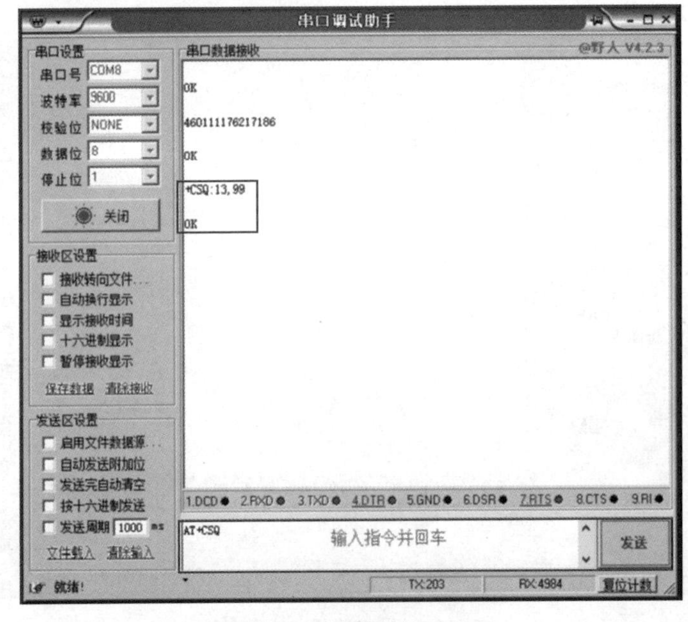

图5-14　查询当前信号质量

2）返回结果为+CSQ：13，99和OK。

3）返回结果说明：前面这个13就是信号质量，信号质量的取值范围是0-31。若这个数为99，则说明没有获取到信号。根据不同的地点等待1～60s，如果超过这个时间返回的结果仍然是+CSQ：99，99的话，就需要检查一下SIM卡。

8．查询当前模组网络注册连接状态CEREG

1）发送“AT+CEREG?”，如图5-15所示。

2）返回结果1：+CEREG：0，0。

3）返回结果2：+CEREG：0，1。

4）返回结果3：+CEREG：0，2。

5）返回值说明：前面一个0，是功能码，如果设置为0，表示请求的时候才会返回+CEREG这个结果，若设为1，表示一旦网络状态发生改变时，会自动下发URC数据。后面的数据可以取值为0，1，2。若为0，表示网络还未注册，依旧在搜索信号，一般刚开机的时候，发送请求会返回为0；若为1，表示网络已经注册成功了，可以正常使用了；若为2，表示再次尝试入网，这个时候就说明网络质量不好或者线路并不是很流畅，模组在尝试入网。如果一直为2的话，建议重启模组或重启射频CFUN，直至返回结果为+CERGE：0，1。后面的数据还可以取值为3、4、5等，可以自行查询其仪表的意义。

图5-15　查询当前模组网络注册连接状态

9．其他指令

1）AT+CGMI：查询制造商。

2）AT+CGMM：查询模块型号。

3）AT+CGMR：查询固件版本。

4）AT+CGSN=1：查询模块序列号。

5）AT+CCLK?：查看时间，返回的时间+8小时为现在的时间。

有兴趣的同学可自行完成。

5.4 任务2 烧写“智能路灯”程序

NB-IoT模块上的NB-IoT模组连接在M3模块的USATR2上，光敏传感器接在M3模块的ADC采集接口上，采集到的光敏传感器数据通过USATR2 传给NB-IoT模组，再由NB-IoT模组通过NB-IoT网络传至NB-IoT云平台，NB-IoT云平台进行数据汇聚到传到物联网云平台。在“智能路灯”程序中，已包含oled显示屏的代码（用于显示光照数据和开关灯的状态）、ADC采集光照数据、等待NB-IoT启动的代码、NB-IoT模块配置代码、连接NB-IoT网络的代码和按键控制灯的逻辑代码，并实现了将采集到的光照数据发送到NB-IoT云平台和通过判断光照度自动控制灯的亮灭，也可以接收物联网云平台下发的控制开关灯的指令。读者烧写“智能路灯”程序到NB-IoT模块上，再在物联网云平台上创建NB-IoT项目就可以看到上传的光照数据，具体的代码编写在后续的传感网应用开发中级和高级课程中详细展开，这里仅在任务2中要求将编写好的“智能路灯”程序进行烧写和任务3接入物联网云平台，体会NB-IoT技术的使用。

5.4.1 任务要求

烧写“智能路灯”程序到NB-IoT模块中。

5.4.2 任务实施

1．硬件环境搭建

本任务的硬件连线图如图5-16所示。把NB-IoT模块的PA8线连接到继电器模块的J2口，继电器模块的J9（NO1）接到灯的正极“+”，继电器模块的J8（COM1）接到NEWLab平台的12V的正极“+”，灯的负极“-”接到到NEWLab平台的12V的负极“-”。

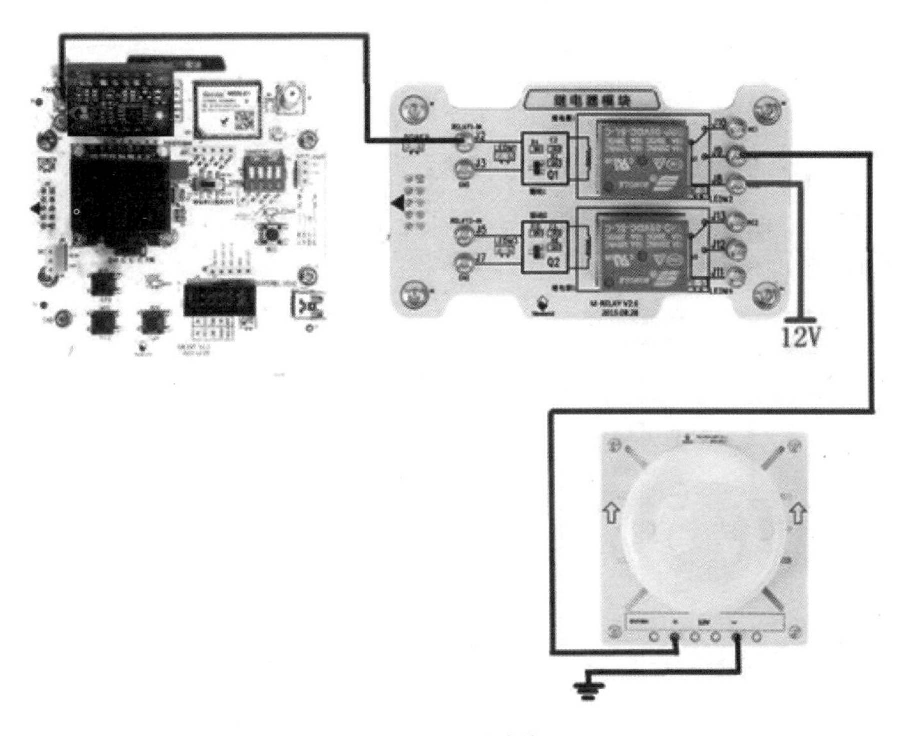

图5-16 硬件连线图

2. NB-IoT模块烧写准备

1）搭建硬件平台：将NB-IoT模块按图5-17方向放置于NEWLab平台上；

2）按照标注①连接串口线，按照标注②连接电源线；

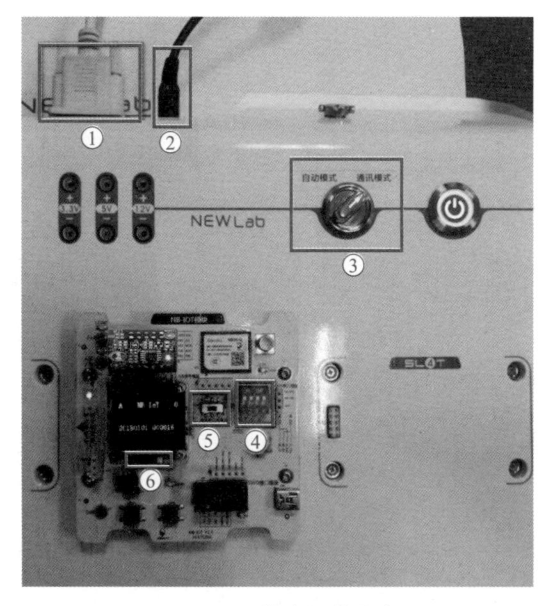

图5-17 搭建硬件平台

3）按照标注③把开关旋钮旋至“通讯模式”；

4）按照标注④把拨码开关1、2向下方向拨，拨码开关3、4向上方向拨；

5）按照标注⑤把开关拨向左方向丝印M3芯片处；

6）按照标注⑥把开关拨向右方向丝印下载处。

3．查看串口号

在“设备管理器”中查看对应的串口号，如图5-18所示。

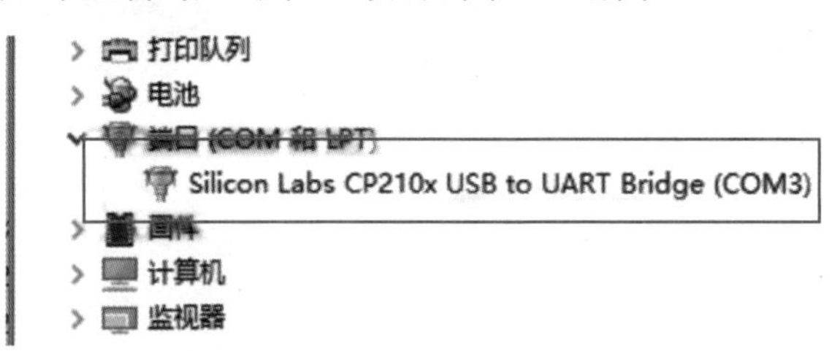

图5-18　在设备管理器中查看串口号

4．烧写器烧写

1）确认图5-17标注⑥开关拨到丝印下载处，且按过复位键。

2）如图5-19a所示，打开Flash Loader Demonstrator软件，在Port Name下拉列表框中选择图5-18对应的串口，单击“Next”按钮。

3）如图5-19b所示，软件读到硬件设备后，单击“Next”按钮。

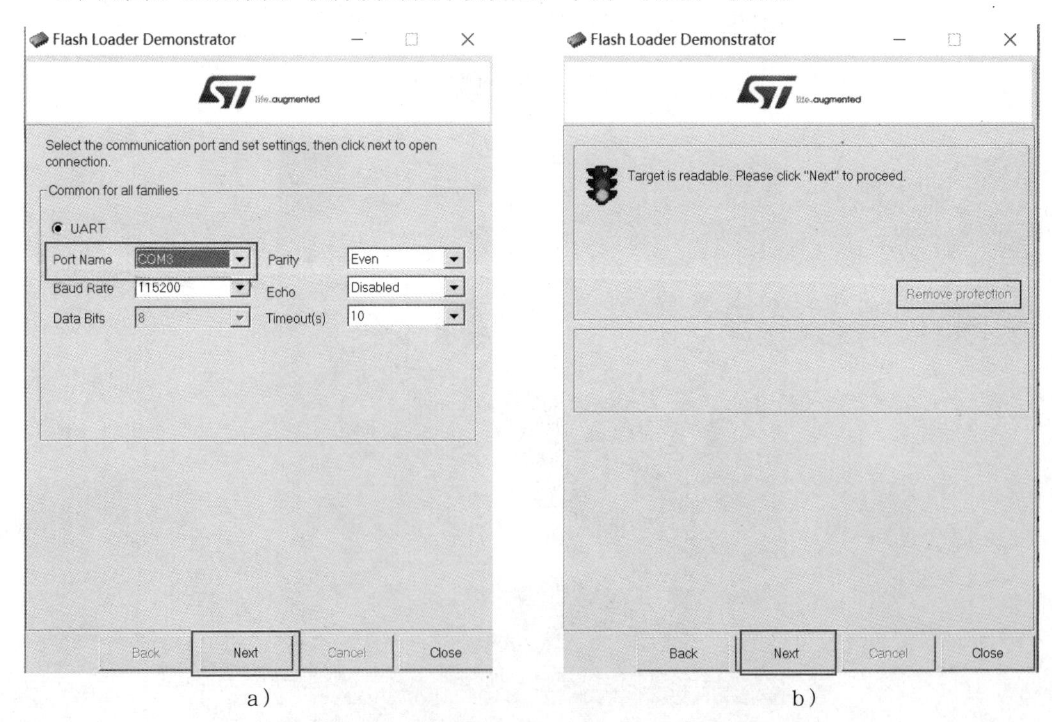

图5-19　STMFlashLoader Demo串口设置

4）如图5-20所示，选择MCU型号为STM32L1_Cat2-128k，单击“Next”按钮。

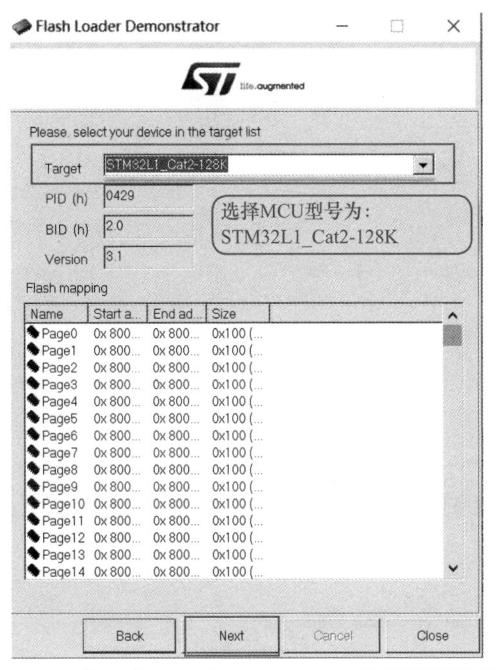

图5-20 Flash Loader Demonstrator处理器型号设置

5）如图5-21所示，选中Download device单选按钮，选择配套资源中的NB-IOT智能路灯程序进行下载，路径为“...\05 NB-IOT数据传输\MBIOT-lamp. hex”。

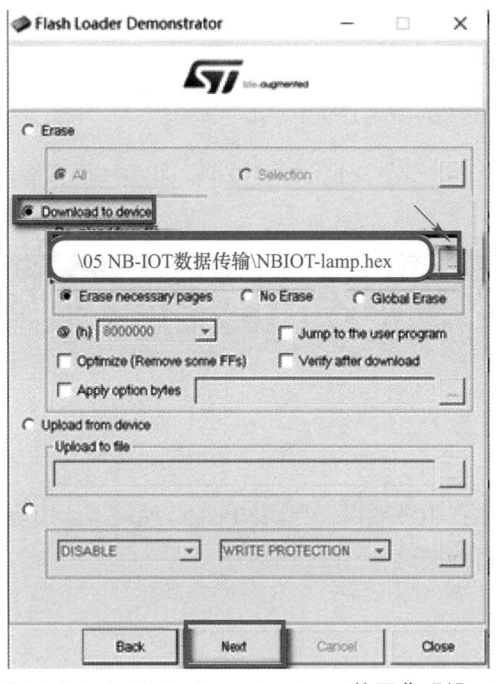

图5-21 STMFlashLoader Demo烧写代码设置

6）如图5-22所示，等待30s左右下载完毕。

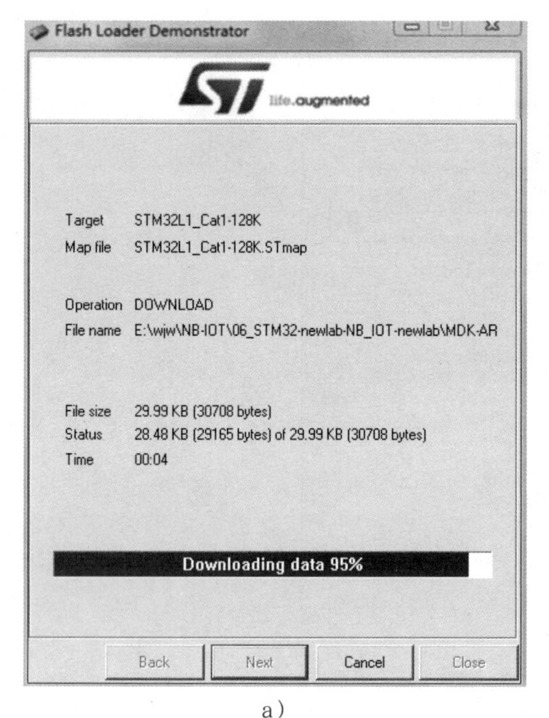

a）

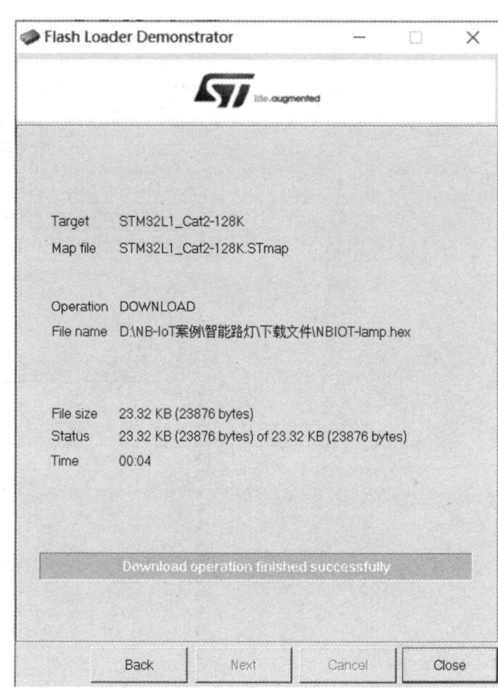

b）

图5-22　STMFlashLoader Demo烧写软件

7）断电，在NB-IoT模块反面插入NB-IoT卡。

5．烧写后启动NB-IoT模块

1）把图5-17标注⑥的拨码开关向左拨至启动处。

2）请确认图5-17标注④的拨码开关1、2向下拨。

3）重新上电即可使用（或按下复位键），至此NB-IoT模块准备完毕。

5.5　任务3　NB-IoT接入云平台

5.5.1　任务要求

在云平台上创建一个NB-IoT项目，启动NB-IoT模块，让模块能够接入云平台，通过云平台查看光照数据并控制灯的亮灭。

5.5.2　任务实施

1．注册账号

如图5-23所示，登http://www.nlecloud.com/my/login注册账号。

图5-23　联网云平台登录或注册账号

2. 新增物联网项目

1）单击新增项目。

2）给项目取名为“NB-IoT项目”。

3）行业类别选“智能家居”。

4）联网方案选“NB-IoT”。

5）单击“下一步”按钮完成项目新建，如图5-24所示。

图5-24　新增物联网项目

3．添加NB-IoT设备

1）给设备取名为“Illumination”。

2）“通讯协议”选“LWM2M”。

3）设备标识填写NB-IoT模块的NB86-G芯片上的IMEI号。

4）单击“确定添加设备”按钮，如图5-25所示，云平台自动获取NB-IoT模块上的传感器数据，如图5-26所示。

5）删除多余选项后，仅剩光照强度传感器Illumination和控制灯Light。

① Illumination为传感器上传的数据。

② Light可控制灯的亮灭。

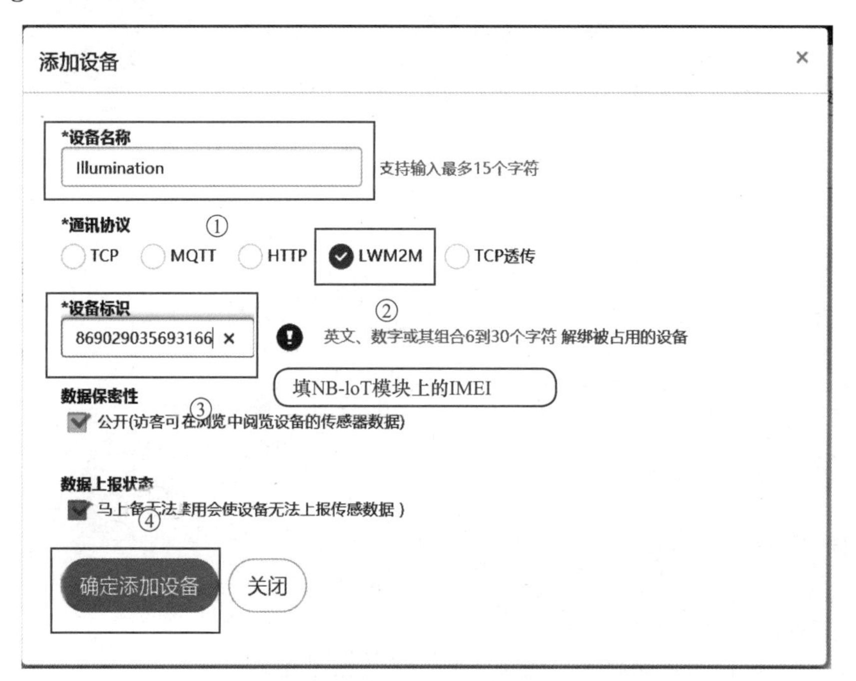

图5-25　添加NB-IoT设备

传感器

名称	标识名	传输类型	数据类型	操作
Temperature	Temperature	只上报	整数型	API
Illumination	Illumination	只上报	整数型	API
Humidity	Humidity	只上报	整数型	API
Battry	Battry	只上报	整数型	API
Signal	Signal	只上报	整数型	API

摄像头

执行器

名称	标识名	传输类型	数据类型	操作
Light	Light	上报和下发	整数型	API
Fan	Fan	上报和下发	整数型	API

多余选项，可单击x删除

图5-26　NB-IoT模块传感器数据

4．模块上电

1）如图5-27所示，连接状态显示“已连接”，表示连接成功。

2）通过KEY2可手动控制灯的亮灭。

3）通过KEY3可切换控制模式。

① 当OLED最后一行显示M，则表示手动控制，可通过云平台或KEY2控制灯的亮灭。

② 当OLED最后一行显示A，则表示自动控制，根据光敏传感器采集到的数据控制灯的亮灭。当光照强度小于3则会自动开灯，开灯后果集开灯时的光照强度val，当环境光照强度大于val+1时，会自动熄灯。

图5-27　NB-IoT模块上电

单元总结

本单元主要介绍了NB-IoT的定义与技术特点，LPWAN分类与技术特征。讲解了NB-IoT标准发展演变，NB-IoT网络体系架构以及NB-IoT使用的频段等。介绍了AT指令的执行过程。并以“智能路灯”为例学习了NB-IoT数据通信的过程。

参 考 文 献

[1] 周杏鹏．传感器与检测技术 [M]．北京：清华大学出版社，2010．

[2] 杨黎．基于C语言的单片机应用技术与Proteus仿真 [M]．长沙：中南大学出版社，2012．

[3] 王小强，欧阳骏，黄宁淋．ZigBee无线传感器网络设计与实现 [M]．北京：化学工业出版社，2012．

[4] 姜仲，刘丹．ZigBee技术与实训教程——基于CC2530的无线传感网技术 [M]．北京：清华大学，2014．

[5] 黄宇红，杨光．NB-IoT物联网技术解析与案例详解 [M]．北京：机械工业出版社，2018．

[6] 牛跃听，周立功，方丹，等．CAN总线嵌入式开发——从入门到实战 [M]．2版．北京：北京航空航天大学出版社，2016．

[7] 罗峰，孙泽昌．汽车CAN总线系统原理、设计与应用 [M]．北京：电子工业出版社，2010．

[8] 杨更更．Modbus软件开发实战指南 [M]．北京：清华大学出版社，2017．